Osprey Aircraft of the Aces

# P-39 Airacobra Aces of World War 2

George Mellinger
John Stanaway

Osprey Aircraft of the Aces

オスプレイ軍用機シリーズ
33

# 第二次大戦の
# P-39エアラコブラエース

[著者]
ジョージ・メリンガー×ジョン・スタナウェイ

[訳者]
梅本 弘

大日本絵画

カバー・イラスト/イアン・ワイリー
カラー塗装図/ジム・ローリアー
スケール図面/マーク・スタイリング

**カバー・イラスト解説**
1942年5月1日、0810時、ニューギニアのポートモレスビー近郊にあったセヴンマイルズ飛行場から第36戦闘飛行隊のエアラコブラ5機が緊急出動した。エリックスン中尉、キャンベル中尉（第35戦闘飛行隊）、フッカー、アームストロング、そしてドン・「フィバー（ホラ吹き）」・マクギーは、連合軍の監視哨からの、飛行場に敵機が接近しているという無線による警告を受けて舞い上がったのである。しかし、離陸はしたものの、米軍操縦者たちは日本機の痕跡さえ見つけられなかった。ポートモレスビーの北側をほとんど1時間余りも探し回り、マクギーは燃料がほとんど切れかかっていることに気づいた。帰還針路を探り、セヴンマイルズ飛行場へと機首を向けたとき、かれは靄に包まれた飛行場の上空に何機かの零戦を見つけた。かれのP-39D（41-6941）は燃料が残り少なかったにもかかわらず、マクギーは攻撃を決意、高度の優位を十分に利用してたちまち零戦1機を仕留めた。残った零戦は討ち取られてしまった戦友の仇討ちに色めきたち、マクギーのP-39の尾部に機関砲弾を命中させ、主翼には機銃弾で穴を開けた。戦いで手傷を負った戦闘機で基地に戻ったマクギーは着陸して操縦席から出た時、風防のかれの頭上にも弾痕があるのに気づいた。かれが落とした零戦の残骸は飛行場から1マイルの所にあった。「フィバー」・マクギーの戦果は、終戦までに94機の確実撃墜戦果を報ずることになる第36戦闘飛行隊の最初の1機となった。

翻訳にあたっては『Osprey Aircraft of the Aces 36 P-39 Airacobra Aces of World War 2』の2001年に刊行された版を底本としました。[編集部]

## 目次 contents

**6** 序文
introduction

**9** 1章 南太平洋の戦い
P-39s in the South Pacific

**31** 2章 第13航空軍の成功
thirteenth air force successes

**36** 3章 南西太平洋における最後の戦果
final victories in the Southwest Pacific

**42** 4章 アリューシャン、アイスランド、パナマ運河そして地中海
Aleutians, Iceland, Canal Zone, and the MTO

**49** 5章 ソ連邦のコブラ
Soviet KOBRAS

**55** 6章 P-39D、カフカスでの栄光
P-39D shines in the Caucasus

**68** 7章 ソ連空軍の勝利
Soviet victory in the air

**81** 8章 塗装とマーキング
camouflage and markings

**86** 付録
appendices
86　P-39かP-400で1機以上を撃墜した米陸軍航空隊のエース
86　レンドリースによってソ連邦へ供与されたP-39エアラコブラ
86　確認できるP-39エアラコブラ部隊
87　ソ連空軍のP-39エース
94　ソ連エース機のシリアルと「ボルト」番号

**21** カラー塗装図
colour plates

95　カラー塗装図　解説

# 序文
introduction

　世界で最初に音の壁を越えた人物、チャールズ・「チャック」・イェーガー准将は、自伝でこう述べている。
「私はP-39で500時間あまりを過ごした。それは私が乗った最高の飛行機と言ってよい」
　これはほかの歴史的記述と比べて、イェーガーならではの横溢を示す意見なのであろう。だが、その一方で、この機で空中戦果を得るためには、他のさまざまな戦闘機の優秀さと比較したうえで、さらなるパイロットの技量が必要であると主張してもいる。これがP-39である。ベル社製の戦闘機にはたしかに優れた独自性があった。しかし、ほかの多くの単座戦闘機には、打ち勝ちがたい性能面での有利があった。その差は高度12000フィート（3700m）以上で顕著にあらわれた。
　P-39が第二次世界大戦の米国航空兵力にもっとも貢献したこと、それは数多くの「未来のエース」たちが初めて経験した戦闘機だったということだろう。ジョン・メイヤー（欧州戦域で24機を撃墜）やトム・リンチ（太平洋南西戦域で20機を撃墜）のように大きな成功を収めたパイロットの多くが、P-39で最初の戦闘任務を経験している。また、太平洋と地中海方面では、何人かのパイロットがベル社製戦闘機でささやかながらも撃墜公認を果たしている。米陸軍航空隊（USAAF）から戦闘機としての信頼をまったく失っていたにせよ、エアラコブラは船団の護衛や、戦域内で短距離輸送機を護衛するなどといった二線級の任務をこなしていた。
　P-39によせた信頼を覆す最初の深刻な一撃は英国空軍（RAF）からもたらされた。このP-39で作戦任務を行った英国空軍の飛行隊はたった

上●このP-39Cは、1940年2月1日にエアラコブラで編成された第31追撃飛行隊の所属機である。この型は、.30口径（7.62mm）の機関銃を機首の機関砲の周囲に集中装備しているが、後に2門の.50口径（12.7mm）機関銃がそこに装着されると、小口径の機銃は主翼に移された。米陸軍航空隊はP-39、P-400の武装に決して満足はしておらず、事実、戦争初期の数カ月間、この型のエアラコブラで戦った太平洋の操縦者たちの戦果はひどく低いものであった。

下●戦前の古くさい写真（1940年に撮影されたに違いない）で、P-39CがYP-43ランサー（リパブリックP-47の先駆け）、量産型のP-40Bと、試作型のYP-38などと編隊を組んでいる。
（via Michael O'Leary）

上●この列線は、1941年の演習時、ミシガンのセルフリッジ飛行場で撮影された第31追撃飛行隊のP-39である。(via Michael O'Leary)

左●P-39D-1のドアに描かれた絵に感心する若い少尉。戦前の第40追撃飛行隊のP-39は全機に飛行隊のニックネームに因んだ「赤い悪魔」のしゃれたバッチが描かれていた。第401戦闘飛行隊は第35戦闘航空群の傘下、1942年、ニューギニアに出征した。(via Michael O'Leary)

1個(第601飛行隊)にすぎなかったが、英国人パイロットたちはまったく否定的な評価を下した。英国空軍で使用する予定だった生産分はオーストラリアへ送られ、P-400の名称で実戦に投入された。1942年の中盤に経験した最初の前線勤務における空戦で、P-39は苦い成功を経験する。しかし、その多くを失った代償として、同年末に連合軍が主導権を握るまでのあいだ、ニューギニアとガダルカナルにおける日本軍の航空兵力による攻撃を、持ち堪えることに貢献したのだ。しかしながら米陸軍航空隊のパイロットによる痛烈ないくつもの批判は、本機の交替に関する軍の決定を後押しするものとなった。

武器貸与法(レンドリース)によってP-39を送られたソ連の意見は、これとまったくの裏返しであった。ドイツ空軍(ルフトヴァッフェ)のメッサーシュミットMe109戦闘機と最初の邂逅をはたしたI-16やMiG-3に対する失望のあとでは、目にするものすべてが進歩的に見えたことだろう。にもかかわらず、多くの連合軍機は、頑丈なホーカー・ハリケーンやカーチスP-40さえも、冷淡に迎えられた。しかし、ただひとつP-39だけには大いなる敬意がはらわれた。エアラコブラは低高度で輝かしい性能を発揮してドイツ空軍パイロットを悩ませつづけ、地上では将兵たちを恐れさせた。ロシアの用兵思想における空軍力とは、事実上戦術的に運用されるものであり、戦闘機および爆撃機は敵地上兵力およびその装備を攻撃する「空飛ぶ砲兵機材」として用いられていたのである。

ロシアにおける高位エースの多くは、撃墜戦果のほとんどを、あるいはすべてをP-39であげ、ある非公式な集計によると、少なくとも20機以上の撃墜戦果をもつロシアのエアラコブラパイロットが、30名以上いたとされている。

自信満々、1943年10月、自分のP-39Q-10 42-20746に乗り込もうとしている未来のトリプルエース、クラレンス・「バド」・アンダーソン中尉。飛行機のドアには「血に飢えた」(非公式)の第363戦闘飛行隊のマークが描かれている。この飛行機はカリフォルニアのオロヴィルで編成された第357戦闘航空群に編入された。(via 'Bud' Anderson)

上●オロヴィルで撮影された「バド」・アンダーソンの最初の「オールド・クロウ」(首脚のそばに書き込まれたニックネーム)。P-39を飛ばしていた操縦者の多くと同様にアンダーソンも同機の扱い易さを素直に尊重していた。「P-39はやりにくくもなる。『宙返り、ひっくり返って、あっという間にきりきり舞い』ってのは、酒席の戯れ歌のひとつだけど、言い得て妙だった。この飛行機は宙返りしたら最後だという、とても飛行機乗りを喜ばせないような評判があった」(via 'Bud' Anderson)

左●「バド」・アンダーソンとかれの機付長オットー・ヘイノ(中央)と氏名不詳の兵装係、1943年秋、オロヴィル。(via 'Bud' Anderson)

　P-39はこのように一筋縄では括れない経歴の持ち主である。本機に搭乗したパイロットの多くがよろこんで新鋭機に乗り換えた。しかし、その彼らのほとんどが、P-39の飛行特性を、愛情をこめて思い出すのだ。この機種の注目すべき記録を打ち立てたロシア人たちは、ベル社製戦闘機に対する好意を隠さない。また、太平洋および地中海における交戦記録は多いとはいえないが、P-39はそれなりの評価すべき戦果を残している。米軍に300機を越える撃墜戦果を、ソ連空軍にはそれ以上の勝利をもたらしたのである。

もともと英空軍にエアラコブラI、BX187として引き渡されたこの飛行機は、前線での使用を拒否されて、1942年後半に英国から米陸軍航空隊に返却された179機のベル戦闘機の1機であった。P-400と改称された前年、英国に到着したこれらの戦闘機は箱詰めされたままランカシャーのバートンウッドで膨大な滞貨となっていた。これらの戦闘機は、北アフリカの第12航空軍部隊で使用するために組み立てられた。このP-39は長旅に備えて外部燃料タンクを取り付け、完全装備状態になっているように見える。(via Michael O'Leary)

chapter 1

# 南太平洋の戦い
P-39s in the South Pacific

　日本軍が中国大陸から実質的にオーストラリア沿岸部にいたる制空権を支配し、太平洋戦争開戦後数カ月間の完全なる優勢を満喫していたちょうどそのころ、米陸軍航空隊第8追撃飛行隊（追撃航空群がすべて戦闘航空群に再編成されるのは1942年5月のことである）のP-39がニューギニア東部の最前線に向けて、米国西海岸で船積みされた。積荷は5月の第1週にオーストラリアで降ろされ、ただちに組み立てられてクイーンズランド州ブリスベーンに送られた。それから数カ月後に第35および第36追撃飛行隊が最初に派遣される航空群となり、最前線であるポートモレスビーの北に配備された。しかし、第8追撃航空群はニューギニアに向かって飛行中、この海域の代名詞ともいえる恐るべき悪天候の洗礼を受けて、ニューギニアへ到着する前に数人のパイロットを事故で失っていた。

　こうした損失はあったものの、航空群はオーストラリア空軍のベテランが操縦するキティホークの保護に感謝しながら、戦闘準備を整えていった。若者特有の楽観主義に溢れていたアメリカ人たちは、敵との戦いに胸が高鳴っていた。同月最後の日、第8戦闘航空群は13機のP-39で出撃し、ニューギニア北部沿岸のラエおよびサラモア飛行場に対する掃討作戦を実施した。

　日本軍は不意打ちをくらった。地上攻撃は成功し、米軍は一航過の機銃掃射で突堤の燃料集積所、通信所1棟、さらに物資の集積所と繋留中の水上機、1機を戦果に数えた。時をたがえず、ラエ飛行場から上がった零戦が帰還するP-39襲撃部隊を邀撃した。損害は「4対4」で引き分けた。そして米軍の3名が最終的にポートモレスビーへと帰り着いた。

　撃墜した零戦のうち3機はボイド・「バズ」・ワーグナー中佐の戦果として記録された。中佐は太平洋戦線で最初にエースとなったパイロットのひとりであった。かれは1941年12月のフィリピン上空で第17戦闘飛行隊のP-40を乗機に、日本軍戦闘機撃墜5機を報じており、その後、オーストラリアへと落ち延びた。そこで部隊の消滅によって第Ⅴ戦闘航空集団司令部付となり、ニューギニアへ派遣すべき米軍戦闘機兵力を編成する職務に就いた。この任

ボイド・D・「バズ」・ワーグナー中佐は、太平洋戦争初期、米陸軍航空隊を輝かせた者のひとりだった。1942年4月、はじめてP-39での作戦を指揮しサラモア付近で零戦3機撃墜を報じる以前に、かれはすでにP-40でエースとなっていた。太平洋での期限を延長した戦闘服務を生き延び、ワーグナーは1942年の後半に帰国したが、11月29日、P-40Kがフロリダのエグリン飛行場に墜落、かれは事故死してしまった。(via Krane)

務を課せられた2個飛行隊（第35および第36追撃飛行隊）にはP-39とP-400が与えられ、こうしてワーグナーはベル社製戦闘機の擁護者たるべき立場となったのである。

　4月30日金曜日、ワーグナーはさらなる撃墜戦果をもぎ取るべく、鍛え上げられた13人の部下を率いて掃討任務に出撃した。P-39D型の部隊は敵地域の中心を目指して最前線を越え、北に180マイル（290km）ほど進んだ。編隊長はのちにこう報告している。

　「我々は敵に発見されないように、100フィート（30m）ほどの高度で海側よりラエへ50マイル（80km）に迫ったところから進入を開始した。20マイル（32km）ほど進んだところで、ラエ飛行場上空で防衛任務に就く日本機と接敵するために、4機が先行した。先頭編隊（トップカバー）はラエの東へと敵哨戒機を誘い出した。地上を機銃掃射する間、空に我々を妨げるものはなかった。狙いの不正確な対空機銃と対空砲火の反撃はあった。3機の戦闘機からなる3個分隊は右梯形編隊（エシュロ）を組み、13〜15機はいた爆撃機の列線を機銃掃射した。

　「そのとき、機銃掃射をつづける我々の上空から、数機の零戦（ゼロ）が攻撃を仕掛けてきた。我々は胴体の落下タンクをただちに切り離してスロットルを開いた。殿（しんがり）を務める4機のP-39が敵と戦うべく旋回し、3機の零戦へ向かっていくと、我々の編隊は零戦を引き離し始めた。しかし、そのうちに別の零戦が現れ、我々は全部でおよそ12〜13機から攻撃を受けた。4機のP-39ではあまりにも多勢に無勢である。私は編隊の全機を反転させ、合計13機のP-39と、同じ数の零戦による激しい空戦がはじまった。空戦は海岸線を30マイルも下ったり、上ったりしながら継続した」

　すでに述べたとおり、P-39のパイロットはこの戦闘で零戦撃墜4機を報じた。米側は4機を失った。このうち3人のパイロットが徒歩でポートモレスビーになんとか帰還し、4人目は日本軍の捕虜となってのちに処刑されたと伝えられている。

　続く1942年5月はニューギニアとオーストリア北岸の防衛にとって決定的な月となった。この月の初めに勃発した珊瑚海海戦［※1］で、連合軍はオーストラリアを目指して南下をもくろむ敵機動艦隊を押しとめて反転させたのである。この間、P-39はポートモレスビー防衛戦で敵の飛行機、約20機を戦果に加えた。12人のパイロットが帰還できなかった。

　一方で、ほかの機種に乗り換えてから未来のエースとなる何人かのパイロットたちが、P-39またはP-400で初めての撃墜を果たしている。そのひとり、ドン・マクギーはポートモレスビー上空を哨戒中に撃墜を記録した。これは第36戦闘飛行隊の初戦果でもあった。5月1日のことである。滑走路を機銃掃射中の零戦を下方にとらえたかれは、すかさずこれを追撃した。マクギーは前日のラエとサラモアでの戦闘に加われ

ウォルト・ハーベイ中尉は4月上旬の恐るべきオーストラリアからニューギニアへの、最初のP-39の空輸を生き延びたひとりで、1942年5月14日には第36戦闘飛行隊のために零戦1機の不確実撃破という戦果をあげている。(via Harvey)

1942年5月29日に、P-39による最後の戦果をあげた後のいつか、セヴンマイルズ飛行場で機付兵とともにポーズをとるドン・「フィバー」・マクギー中尉。かれがエアラコブラで5機撃墜の戦果をあげたことは確かなのだが、米陸軍航空隊の公式記録には撃墜確実3機、不確実1機と記載されている。(via Cook)

ドン・マクギーのP-39D-1、42-38338「ニップズ・ネメシス」は念入りな絵と撃墜マークが機体の両側に描いてあるという珍しい機体だった。普通、機付兵は多忙で、機体の片側だけでさえ飾り立てる時間など見つけられなかったから、両側になんてとんでもないことだった。ドアの絵は神の手のようなものが日本戦闘機を掴んでいる図柄だった。「フィバー」・マクギーは1943年、第80戦闘飛行隊でP-38に乗っているときにさらに2機の撃墜を報じ、1945年3月には第357戦闘航空群の第363戦闘飛行隊の指揮をとり、P-51Dに乗りドイツで最後の撃墜戦果を報じた。(via Cook)

1942年の終わり頃、機付長ピート・ジーノの手を借りてP-39F「アンクル・ダッド」(へっぽこ叔父さん)に乗り込もうとしているクリフトン・トロクセル中尉。1942年5月後半にP-39で確実2機、不確実1機の戦果を報じた当時、トロクセルは第35戦闘飛行隊の所属だった。かれは1943年9月15日、P-38Gでさらに2機、そして、同じ年のボクシング・デイ(12月26日)にP-40Nで1機を撃墜してエースの地位を得た。(via Gino)

なかったことで不満がたまっており、ほとんど無意識に敵へと急降下していった。しかし、乗機P-39D(シリアル41-6941)に装備されて間もない新型照準器に不慣れだったため、最初の一撃は外れた。零戦は後ろについたP-39に気づかなかったか、見くびっていたのだろう。このアメリカ人が照準器を充分に使いこなせる距離まで接近するのを許した。戦闘機に向けて再度射撃を行い、マクギーは煙を噴く零戦が密林に墜落するのを興奮しながら見つめた。のちにマクギーは戦友らとともに滑走路の北1マイル(1.6km)ほどのところで、残骸を見つけることになる。

5月1日にこの空域で4人のパイロットが「フィバー」・マクギーと空中任務についていた。それにもかかわらず、パイロットたちはこの空域にいたほかの零戦が、かれに襲いかかるのを阻止できなかった。マクギーは命からがら逃げ出して基地に戻り、激しく撃たれた41-6941号機でなんとか着陸に成功した。彼は戦闘で甚大な被害を負った機体の損傷を見て興奮している地上要員たちに向かって、大急ぎで報告をすませると、コクピット全体に目をやった。後部キャノピーに銃弾の孔が開いている。そして追撃のあいだずっとサングラスを額に上げっぱなしにしていたこと、それが粉々に割れていることに驚いた。マクギーのP-39は被弾による損傷が激しかったため、ただちに各部品へと解体し、使用可能なものをほかの損傷機と合体して、まったくの新造機を組み立てた。

マクギーは4日後に零戦1機の不確実撃墜を報じ、5月29日にはポートモレスビー南東で三菱戦闘機(零戦)撃墜2機を記録している。このときめずらしく有利な高度から攻撃をしかけることができたのはうれしかった。高度差はかなりついていた。彼はそれを利用して零戦の大編隊に飛び込んでいった。3日前にはじめての撃墜を記録し(5月27日には不確実撃墜1機を記録)、のちに5機撃墜のエースとなる第35戦闘飛行隊のクリフトン・トロクセル中尉も零戦撃墜1機を報じた。

この時期に第8戦闘航空群で零戦の撃墜を記録した未来のエースに、第36戦闘飛行隊のグローヴァー・ゴールソンと第80戦闘飛行隊のダニー・ロバーツがいた。両名はP-38を装備して新編される第475戦闘航空群へ移り、撃墜を重ねてゆく。

ゴールソンは5月14日にポートモレスビー上空で零戦を撃墜したと報じ、15日後に2機目となる敵戦闘機を攻撃中に、その経歴を一旦は終えることとなった。零戦の大群に緊急発進して迎撃中のことである。ゴールソンの分隊は敵戦闘機の第2群が最後尾のP-39編隊に向かって「飛び込もう」としているのを見つけた。彼は分隊長を追いつつ戦闘に突入し、狙い澄ました味方の掃射に加わり零戦を撃った。

日本人パイロットは機敏な零戦を上昇反転に入れた。ゴールソンが執拗に敵機を追っていると乗機は不意自転に陥り、格闘戦を繰り広げながら旋回している敵味方のまったただ中へまっすぐに落ちていった。このアメリカ人はのちに述べている。戦闘中に、しかも何機もの零戦が列を成して追いかけてくる悲惨な状況で、必死にスピンから回復しようとするときの絶望感はそれ以降も決して味わったことがない、と。

P-39のコントロールを取り戻したそのとき、かれは曳痕弾の流れに包まれた。自動装填する機関砲の「ガシャン」という音や空薬莢をはき出す「ピーン」という音が聞こえ、後ろについた零戦は機関銃を撃ちつづけていた。ゴールソンは敵に撃たれて負傷し、生き残るためにはただちに乗機を棄てるしかないことを悟った。かれは脱出(ベイルアウト)した。そしてこの試練を生き延びると、現地の部族民に合流した。農園(プランテーション)へと案内されたゴールソンはそこで飢えと渇き、そしてひどい熱

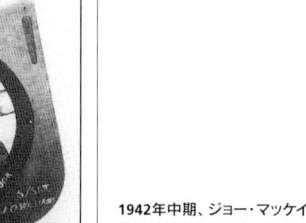

ニューギニアで、第35戦闘飛行隊の戦友とともに撮影されたウォルト・ハーベイ中尉と、グルーヴァー・ゴールソン(左から1番目と2番目)。P-39で1機だけ戦果をあげたゴールソンは1943年に精鋭、第475戦闘航空群、第432戦闘飛行隊に転属してからP-38Hでさらに4機の戦果をあげた。(via Gholson)

1942年中期、ジョー・マッケイ少佐のP-39のドアに描かれた飛行帽を被ったドナルド・ダックと3人の甥、そして相当ねじ曲がったエアラコブラの入り組んだ緻密な絵。少佐は、同飛行隊のもっとも困難な時期、5月中旬の戦いの指揮をとり、この年の11月まで、その地位に留まった。

1941年後半、米国で第31追撃飛行隊のP-39D、41-6733にもたれかかっているトム・リンチ中尉。ドアに描かれているのは部隊のニックネームに由来する「空飛ぶコブラ」。第39戦闘飛行隊は、第35戦闘航空群に配属されオーストラリアに向かい、次いですぐにニューギニアに送られた。第39追撃飛行隊は、米国で陸軍航空隊に届いた最新のエアラコブラで訓練を受けていたのだが、前線で当時使うことになったのは、それより性能の劣るP-400であった。
(via Krane)

から回復するまでの2週間を過ごした。

米陸軍航空隊で太平洋戦線における高位エースとなる者もまた、エアラコブラで最初の撃墜をあげた。やはり1942年5月のことである。第35戦闘航空群のトム・リンチ中尉は本来の所属部隊が実戦に投入される前に、実戦経験を得るために第39戦闘飛行隊から第8戦闘航空群へと派遣された一握りのパイロットのひとりだった。彼は第35戦闘航空群のP-400に搭乗し、5月20日の朝、ワイガニで零戦2機の撃墜不確実を報じた。この戦果はのちにオーストラリア陸軍の偵察隊が残骸を発見したことで、撃墜と認められている。

その六日後であった。ワウ（ポートモレスビーの北西）へ向かう輸送機を護衛するため、第35戦闘航空群機で飛ぶパイロットのなかに、リンチがいた。輸送機と戦闘機の編隊は途中で16機の零戦に迎撃された。零戦は3000フィート（910m）上空から高度の優位を利して攻撃を仕掛けてきた。リンチは襲いかかる零戦にひるむことなく、乗機P-400で敵に向かっていった。かれとジーン・ワール中尉は戦闘機を撃ち落としたと報じ、5機の輸送機は味方の厳重な掩護のおかげで、無事に目的地へ着陸した。

第39戦闘飛行隊が正式に作戦を開始したのは6月初旬からで、操縦者たちは無邪気にも、経験豊かな敵に対する危険な戦闘に大張り切りであった。6月9日、部隊の作戦中、リゴの南方への不時着を余儀なくされたジーン・ウォールは、最初に零戦の実力を思い知らされた操縦者のひとりだった。かれはポートモレスビー周辺によくある起伏に富んだ自然のなかを彷徨ったあげく、ひどい状態で基地に戻り包帯姿となったが、6日後には完全に戦列復帰した。この日、デング熱で入院していたリンチとエイドキンスも戦列に復帰した。

6月9日、第39戦闘飛行隊の未来のエース、カーラン・「ジャック」・ジョーンズ中尉はP-400で零戦撃墜1機を報じて最近やられた戦友ジーン・ウォールの仇を討った。かれの小隊は、ラエを爆撃し帰還中であったB-26の掩護に派遣されていた。ジョーンズは小隊の僚機を襲った零戦の後尾に食らいつき、たちまちオシャカにしてやった。運窮まった零戦の主翼の上に出てきた搭乗員は、ジョーンズがかれの絶望的な面貌を見届けられるまでそこに留まっていた。戦後何年もたってから、その搭乗員は15機撃墜のエース、吉野智であったかもしれないと知らされた。

台南空の15機撃墜のエース吉野智と言われている零戦1機を撃墜した頃撮影されたカレン・「ジャック」・ジョーンズ中尉。未来のエースが勝手な靴を履いているのに注目。ジョーンズは、1943年最初の3カ月で、その頃までに第39戦闘飛行隊に配備されていたP-38Fで、さらに4機の日本機を撃墜することになる。(via Jones)

これら3つの成功にもかかわらず、P-39の操縦者は戦争の初期、この戦域を飛ぶ零戦に打ち勝つ困難さを知った。そのため、6月16日、第39戦闘飛行隊は帰還した。同隊の戦闘機18機は、ポートモレスビー周辺の飛行場に向かう敵機が発見されたとき、たれ込める低い雲に閉ざされた空に緊急出動した。機械的な故障で、エアラコブラ2機はすぐに着陸せざるを得なくなり、残った16機の操縦者は雲の下で散り散りになってしまった。零戦の搭乗員はこの混乱に乗じて米軍機を襲い、1機のP-39を撃墜、さらに数機を損傷させた。

　16日に緊急出動した操縦者のひとりトム・リンチは単機でリゴの上空で他の米軍戦闘機と合流しようとしていると、一組の零戦に奇襲された。そこから逃れたリンチのP-39はさらに4機の零戦に攻撃され、またも機体を傷つけられた。未来のエースは秘術の限りを尽くして命がけで逃げ回り、ようやく追跡を振り切った。次いでかれはセヴンマイルズ飛行場への帰還を試みたが着陸する前にエンジンが爆発、リンチはやむなく、高度720mからポートモレスビー沖の湾内に落下傘降下した。運良くかれは、飛行隊にほんの最近届いたばかりの救命胴衣を着用していた。

　後で第39戦闘飛行隊の戦友はリンチに救命胴衣はどうだったと尋ねたが、かれは鮫だらけの海を泳ぐのに邪魔だったのでそんな物は脱ぎ捨ててしまったと答えた。そんな中、かれは現地人の小舟に救われたのだ。トム・リンチは脱出の際、右腕を骨折したため、数週間にわたって戦闘任務から離れることになった。

1942年後半、作戦へと出立する第80戦闘飛行隊のシャークマウスを描いたエアラコブラ。この整備の悪い飛行場が正確にはどこであるのかは記録されていないが、ポートモレスビー近郊に数多くあった飛行場（おそらくはターンボール）のひとつであろう。(via Krane)

ベン・ブラウンは1942年の中頃、第80戦闘飛行隊に所属し、ポートモレスビー防衛のために戦っていた。多くの戦友同様、かれもエアラコブラの大ファンではなかった。
「もし、誰もお前さんを撃とうとしないし、誰も撃つ必要がないっていうなら、エアラコブラは飛ばしていて楽しく、かっこいい飛行機だが、結論からいえば、戦うために作られたのに、役に立たないろくでもない戦闘機だ」(via Michael O'Leary)

もともとは第35戦闘飛行隊の所属であったP-39D-2、41-38553のそばに立つ第80戦闘飛行隊のジョン・ジョーンズ中尉。1942年7月、第80戦闘飛行隊が戦闘に加入した時、配備されたP-39DとP-40はその多くが、交代した飛行隊が戦闘で使い古した機体であり、この「パプアン・パニック」もその1機であった。第80戦闘飛行隊はオーストラリア北部で訓練され、1942年7月に初めてニューギニアに配備され、1943年2月にP-38に機種改変されるまで、かれらのP-39による活躍はささやかなものであった。(via Krane)

7月の末までに、生き残った第39戦闘飛行隊の操縦者たちは休暇のため前線を離れた。当初のかれらの戦意はニューギニアの環境に触れてしぼんでいた。かれらの多くはP-39の機械的故障を堪え忍ばざるを得なかったのと同時に、今や伝説ともなった捨て身の敵の猛烈な攻撃にも直面していた。そればかりでなく、操縦者のほとんどはマラリヤや、デング熱に罹患しており、それが若いP-39操縦者の士気を蝕んでいた。

7月の後半、P-39を装備した別の部隊が第39戦闘飛行隊の代わりにニューギニアにやって来ることになっていたが、最後の作戦として同部隊のフランク・ローヤルが率いるエアラコブラ小隊がゴナに上陸した日本軍を機銃掃射した。ラルフ・マーチン中尉が偵察に赴くと、上陸海岸から複葉の水上機が舞い上がってきた。その脆弱な敵機に急降下して行ったが、最初の攻撃では機銃が故障したため、ふたたび攻撃を復行、今度は撃墜することができた。マーチンの戦果は付近の連合軍部隊によって確認された。これが第39戦闘飛行隊のP-39による最後の撃墜戦果となった。この成功から2日ほど後、第39戦闘飛行隊の代わりとして第80戦闘飛行隊が同戦域に到着し、前者からエアラコブラを何機か譲り受けた。

未来のエース、ダニー・ロバーツ中尉は第80戦闘飛行隊とともにポートモレスビーに到着した操縦者の一員だった。かれはオーストラリア内陸の僻地にあった飛行隊から、編成されたばかりの第80戦闘飛行隊に配属されたという。ロバーツはこの機会を両手でがっちりと掴み、同飛行隊がP-39で演じた数少ない交戦のひとつに参加することができた。

8月26日の朝、ブナ上空を哨戒していたP-400の1個小隊は、近くの飛行場から離陸中だった第2航空隊の零戦多数を発見した。ロバーツはただちに不利な態勢の日本戦闘機に向かって降下して行き、最初の航過で1機を損傷させた。小隊のP-400

エアラコブラⅠ、BW102は、1941年12月の真珠湾攻撃後、英国が米国政府に発注した200機のベル戦闘機の1機だった。同機はP-39Dに似ていたが、エアラコブラⅠは機首に37mm砲の代わりにヒスパノの20mm砲を、同様に4挺の.30口径機関銃の代わりに、.303口径機関銃を装備しているという点で不都合だった。その他にも、12の魚の尾鰭型排気管や、パースペックスのドアガラス、操縦席の背後にIFF（敵味方識別装置）がないこと、また自動ブースト装置付きのV-1710-35（E-4）エンジンを搭載している点などが異なっていた。さらに、P-400と呼ばれるこの機体は標準的な英空軍昼間戦闘機の迷彩、ダークアースとダークグリーンを施されていた。本機は1942年に、南西太平洋の部隊に慌ただしく配備され、その年の暮れまで使われていた。「ザ・フレーミング・アロウ」（火矢）と呼ばれるBW102は、第39戦闘飛行隊のカレン・「ジャック」・ジョーンズ中尉の機体だった。かれはこのエアラコブラで6月8日に、零戦1機（台南空の15機撃墜のエース、吉野智機）を撃墜したが、公式記録にはこの日かれがどの機体の乗っていたのかは記入されていない。(via Michael O'Leary)

1942年後半に撮影された第41戦闘飛行隊無線班の集合写真。第35戦闘航空群の3個部隊（第39、第40、そして第41戦闘飛行隊）は、6月に第8戦闘航空群と交代した。(via Krane)

1942年7月、第80戦闘飛行隊に引き渡されたばかりの、チャールズ・キング中尉のP-400、BW176。新しい持ち主は機首にシャークマウスを描き、操縦席の下にはひと文字の識別記号を入れた。第80戦闘飛行隊の記録によれば、本機は1943年1月まで作戦可能な状態にあった。(via Hickey)

もかれの攻撃につづき、滑走路から浮揚したばかりの零戦2機を撃墜した。ロバーツとかれの僚機は首尾良く離陸できた生き残りの零戦に注意を向け、さらに2機の海軍戦闘機を撃ち落とした。

戦闘が終わったとき、米軍は零戦撃墜6機を報じていた。日本側も、第2航空隊の搭乗員3名が戦死し、4機目は不時着し機体が全損したことを認めている。

## P-39への評価
evaluations of the P-39

米陸軍航空隊によるP-39の最初の戦闘評価を行ったのは、ボイド・「バズ」・ワーグナー中佐で、かれが初めて零戦と交戦した数日後のことであった。エースのうち数名の談話は、実戦でベル戦闘機を飛ばしていた米軍操縦者が後に語っている多くの否定的見解を意外に思わせるものであった。

「零戦は運動性と上昇力でP-39をはるかに凌駕している。しかしP-39は落下タンクなしなら、零戦を引き離すことができた。これまで観察したところによれば、いくつかの点で零戦は構造的にも、性能的にも異なっている。目立つ大きなエンジンカウリングは大馬力のエンジンを搭載している可能性を示している。これによって零戦が、計器速度でおよそ464

1942年中期、もと第39戦闘飛行隊の所属だったP-39Dの前で、武装した下士官と並ぶボイド・D・「バズ」・ワーグナー中佐（右）。1941年のフィリピンでの功績によってすでにエースとなっていたにもかかわらず、ニューギニアに到着した時、第8戦闘航空群の操縦者たちはいささかの懐疑を抱いてかれを迎えた。1942年4月30日、かれはP-39を率いてサラモアに侵攻、すべての疑念を退けた。(via Hickey)

P-39Dの標準的な操縦室。エアラコブラのそれは身長172cm、落下傘と飛行装備一式を含めた体重90kgの操縦者を想定して作られていた。もっと大きな操縦者にとっては左右が窮屈だったが、機が地上にいるときは横の窓や、ドアを開けたりすれば少しはましだった。この変わった窓の構造は同機を飛ばした操縦者の記憶に強く残り、「バド」・アンダーソンは「地上滑走するとき、肱を窓枠に載せていると、土曜の夜に並木道を流しているような気分になったもんだ」と回想している。(via Michael O'Leary)

km/hを出しているエアラコブラとほぼ同速であることも説明できる。海面上で520km/hを出すと、P-39は零戦を徐々に引き離して行くことができた。

「零戦はP-39にくらべてかなり加速性が良く、ほんの数秒で巡航速度から最高速度まで増速するが、P-39はずっと遅い。その結果、巡航速度からなら零戦は実際に数秒間はまずP-39に先行する。その後、P-39はスロットル全開、回転数を上げて、ゆっくりと前に出始める。

「全般的にいって、P-39は高度2880m以下なら、優れた爆撃機邀撃用の戦闘機であった。高度2880m以上となると、機動性能も鈍くなり、上昇力も悪くなる。37mm機関砲は理想的な兵器であったが、未だ故障しがちであった。射撃停止が頻発し、空中での再装塡は、排莢にも装塡にも非常な力が必要だったので、ひどく困難だった。しかし敵機に対する(最初の交戦では)威力は素晴らしいものであった。

「比較するとP-39の性能は、運動性を除いて、あらゆる点で10パーセントほどP-40より優れているといわれている。運動性だけは少しだけP-40の方が優れていた」

ワーグナーは、P-39は8つの点で批判されており、それは太平洋戦線で同機が拒絶されることを予感させるものだったと書き留めている。それは、まず液冷のエンジン[※2]に装甲が施されていないこと、プロペラの滑油が漏洩し風防に付着しがち、兵装の射撃停止が多い、降着装置が脆弱、古くさい無線機の装着方法、航続距離の不足、高度2880mm以上での性能低下だった。

もう1名の第5航空軍のエース、第39戦闘飛行隊チャールズ・キングもP-39に対するかれの意見を書き留めている。かれは7月4日、戦友3名が撃墜される (後に全員、帰還した) 一方、零戦1機撃墜、撃破を報じた激しい空戦に巻き込まれた。空戦中、キングは眼下に零戦の編隊を発見、半横転からその1機の後方に占位し何度か連射を放ったが、敵機は容易にかれを振り払った (キングはとうとうP-39で1機の撃墜戦果も報じていない)。

チャールズ・キングはようやく最近になって、P-39に対するかれの批判的な考えを印刷物の中で明らかにしようとしている。

「太平洋で我々が最初に遭遇した時、ベルP-39は (P-40も同じだが) 日本戦闘機と戦えるような飛行機ではなかった。開戦から数ヵ月、戦闘経験豊かな日本軍はその優位を存分に楽しんでいたにもかかわらず、戦争中の記録を全般的に信じるわけにはゆかないにしても、初期の操縦者たちも徐々に日本

戦闘機と概ね互角に戦えるようになっていった証拠がいくつもある。両軍で使っていた機体には、それぞれ戦術的な優越点と欠点があった。その結果、現実的な損害と戦果の割合は1対1であった。当時の連合軍戦闘機は敵機に対して明確に優れているほど良い飛行機ではなかったからだ。わたし自身を含めた我々の多くは、P-39を悪し様にいっていた。

「皮肉なことに、P-39にもともと装着が提案されていた過給器があったら、零戦に対してもう少しは有利になったであろう。これがあれば、悲しいかなP-39が欠いていたため、零戦との交戦がはじまった途端不利になった原因を為す高空性能が向上する。

「P-39の操作上の特性もまた批判の対象となった。とはいえ、わたしは同機が巷でいわれているように『宙返り』できないと確信している。宙返りの試みはことごとく不成功に終わっている。本機は背面になるとすぐに失速し、裏返しになったまま水平錐り揉みの状態に陥る。こうなったら、スロットルを絞り、機体を降下させれば水平錐り揉みは容易に通常の錐り揉みに変わる。水平錐り揉みによる高度の喪失は最小限で済むが、効かなくなった操縦桿を握った操縦者は方角を見失ってしまうこともある。機体はゆっくり振り子のように

未来の5機撃墜エース、第39戦闘飛行隊のチャールズ・キング中尉が1942年に、セヴンマイルズ飛行場から飛ばしていたP-400、BW176はドアに姓に由来する独特の絵を掲げていた。キングの日本軍に対する最初の手柄は7月4日、零戦の撃破1機を公認されたことであった。かれの撃墜戦果はすべて1943年にP-38で達成されたにもかかわらず、キングはP-400の戦闘能力を評価していた。(via King)

1942年暮れ、ミルン湾地区の飛行場で浮揚した瞬間の第35戦闘飛行隊のP-39D-1、41-38343。操縦者がもう着陸装置を引き込みかけていることに注目。

振動し、機首を少し下げた水平姿勢になり、次いで機首が上がる。幾人かの操縦者は宙返りを以上のように説明している。

「我が飛行隊がP-39とP-400を使ってはじめて日本軍と交戦した部隊のひとつとなる前に、わたしは少尉として1年ほどP-39に乗っていた。2カ月にわたる戦闘中、わたしは25回出撃し、幾度も敵機と遭遇した。この時期、我が部隊(第39戦闘飛行隊)は撃墜9機を報じ、全員が戦死は免れたものの9名が撃墜された。初期の頃、他の部隊はもっと大きな損害を被っていたが、その一方、さらに大きな戦果を報じてもいた。わたしが調べたところによると、多かれ少なかれP-40部隊の記録も似たようなものだった。中国で戦ったAVG[※3]や、第49戦闘飛行隊がその良い例である」。

P-39に対する日本軍の評価は侮蔑的なものであった。日本軍の機種識別教範を翻訳してみると、大戦の初期に中国や、南西太平洋で出会った米軍戦闘機のほとんどは零戦に劣っていると書いている。そしてP-39とニューギニアで遭遇した日本軍搭乗員たちの見解も、ベル戦闘機を同様に評価していた。妙なことに、カーチス戦闘機は戦闘中、急降下なら零戦を凌駕することができていたにもかかわらず、P-40に対する評価はもっと低かった。熟練したP-40の操縦者は、しばしばかれらのウォーホークに対する信頼と異なる日本軍の見解に当惑させられている。かれらはP-40を使って損失1機に対して5機の割合で撃墜戦果を報じていたからだ。

日本軍の査定によるP-39の欠点は運動性の欠如、比較的脆弱な構造、降下に入った当初の加速性の低さなどであった。たいていの場合、P-39は少なくとも、ほぼ海面上では零戦と同速度であり、もし全兵装が故障していなければ、その火力は致命的な斉射を放つことができた。

## 米陸軍航空隊1942年最後の撃墜戦果
last USAAF P-39 victories of 1942

第8戦闘航空群のエースがP-39で最後に撃墜戦果を報じたのは、ミルン湾防衛戦を支援した時であった。12月7日、真珠湾攻撃の最初の記念日、第35、第36戦闘飛行隊のP-39、15機は2機の零戦に掩護された7機の九九艦爆と交戦した。P-39D-1(41-38359)に乗った第36戦闘飛行隊のジョージ・「ホイーティーズ」・ウェルチ中尉は、この日離陸した米陸軍航空隊の操縦者のひとりだった。ちょうど1年前、かれは真珠湾空襲に際して第47追撃飛

左頁下●1942年9月、ポートモレスビーのトゥエルヴマイルズ飛行場の第80戦闘飛行隊の分散駐機地区で喫煙するウィリアム・「ドードー」・ブラウン中尉と、チャールズ・エイブル。撮影から数日後、同飛行隊は、ニューギニアの東端に侵攻しようとしていた日本軍に対する防戦を支援するために、第8戦闘航空群の残りの飛行隊とともに、ポートモレスビー北東のミルン湾に投入された。写真に写っているP-400は全機、シャークマウスを描いているが機体記号は読みとれない。(via Krane)

行隊のP-40B型を操り日本機撃墜4機を報じていた。エースになりたいと熱望していたウェルチはとうとうミルン湾上空でその機会を得た。

ブナを機銃掃射中の零戦を発見したかれは高度の優位を利用して1200mから敵1機の後方へと高速で急降下した。その零戦はココダの方へと逃げようとしたが、ウェルチは素早く捕捉、炎上墜落させ、かれは第36戦闘飛行隊で最初のエースとなった。その直後、ウェルチは1機の九九艦爆を攻撃、5秒間の連射で爆発させた。さらに低空の海上に別の艦爆を発見、かれは数mまで接近して火蓋を切り海中に撃ち落とした。未来のエース、ジョー・マッケーンもまた零戦撃墜1機を報じ、以後、第36戦闘飛行隊、第475戦闘航空群、そして最後には欧州の第20戦闘航空群で伸ばして行くことになる撃墜の初戦果を記録した。

第36飛行隊から第475飛行隊に移り、同様にエースになるもうひとりの操縦者も1942年の12月、P-39では唯一となる撃墜戦果を報じた。28日の朝、P-39D-1 (41-38369) でグッドイナフ島上空を哨戒していたヴィール・ジェット中尉は、日本軍の偵察機に遭遇してただちに撃墜した。この戦果でジェットは銀星章を獲得、その後、1年もしないうちに第475戦闘航空群、第431戦闘飛行隊に配属された。

1942年10月から年末までのミルン湾での戦で、エアラコブラはまったく理想的な戦闘機とはいえないまでも、有用であることを証明した。だが、他機種からP-39に改装した操縦者のいくらかは、同機を罵っている。実際、第39戦闘飛行隊に属するそんな連中のひとりは、初めて零戦と交戦した時、ベル戦闘機よりは上昇力も運動性もいいだろうから、トラックに乗って邀撃した方がましだったとさえいった。

1942年の末までに、第Ⅴ戦闘機集団のP-39部隊は日本機の撃墜80機を報じる一方、ほぼ同数のP-39を撃墜され、25名の操縦者が戦死または行方不明となった。しかしなんといっても、P-39/400が、よく訓練され士気が高く戦争の初年を通し太平洋の戦場を制した日本の地上部隊に対して、効果的に戦ったことは確かである。

訳注
※1：1942年5月7日から8日にかけて、南太平洋の珊瑚海で、ポートモレスビー進攻をもくろむ日本軍のMO機動部隊と、米海軍の第17任務部隊の間で史上初の空母対空母の戦いが行われた。米軍の空母レキシントン、駆逐艦シムスと油槽船が沈没したが、日本軍のポートモレスビー進攻を阻止した。日本軍は空母祥鳳が沈没。さらに多くの艦載機と搭乗員を喪い、破竹の勢いで進撃していた太平洋戦線で初めて大きな痛手を被った。
※2：液冷エンジンは、空冷のエンジンに比べ被弾に弱い。
※3：米義勇航空群・フライングタイガース。

未来の6撃墜のエース、第35戦闘飛行隊のジョー・マッケーンは1942年12月7日、ブナ上空で零戦1機 (P-39D-1、41-38353で) 撃墜を報じた。同じ出撃で、第8戦闘航空群の戦友、ジョージ・「ホイーティーズ」・ウェルチ中尉は零戦2機、九九艦爆2機撃墜を報じ、かれがちょうど1年前に、真珠湾上空で報じた撃墜4機の戦果を倍増させた。(via Dennis Cooper)

戦闘機の中に入って安全ベルトを締める前にP-39D-1、41-38356の主翼でポーズするラスムッセン大尉。この写真は1942年暮れ、ミルン湾の防衛戦中に撮影。下にいる3人の地上勤務者の真ん中が、かれの機付長、トニー・トロッタである。(via Trotta)

# カラー塗装図
## colour plates

解説は95頁から

**1**
P-400　BW146　1942年5月　ニューカレドニア　トントゥータ
第67戦闘飛行隊　「ウィストリン」・ジード・フォンテインの半ズボン

**2**
P-39F　42-7166　1942年5月　ニューギニア　ポートモレスビー
第8戦闘航空群　第36戦闘飛行隊　グローヴァー・ゴールソン中尉

**3**
P-400（シリアル不明）　1942年5月　ニューギニア　ポートモレスビー
第35戦闘航空群　第39戦闘飛行隊　ウォール・アイ・「パット」・ユージェーン・ウォール

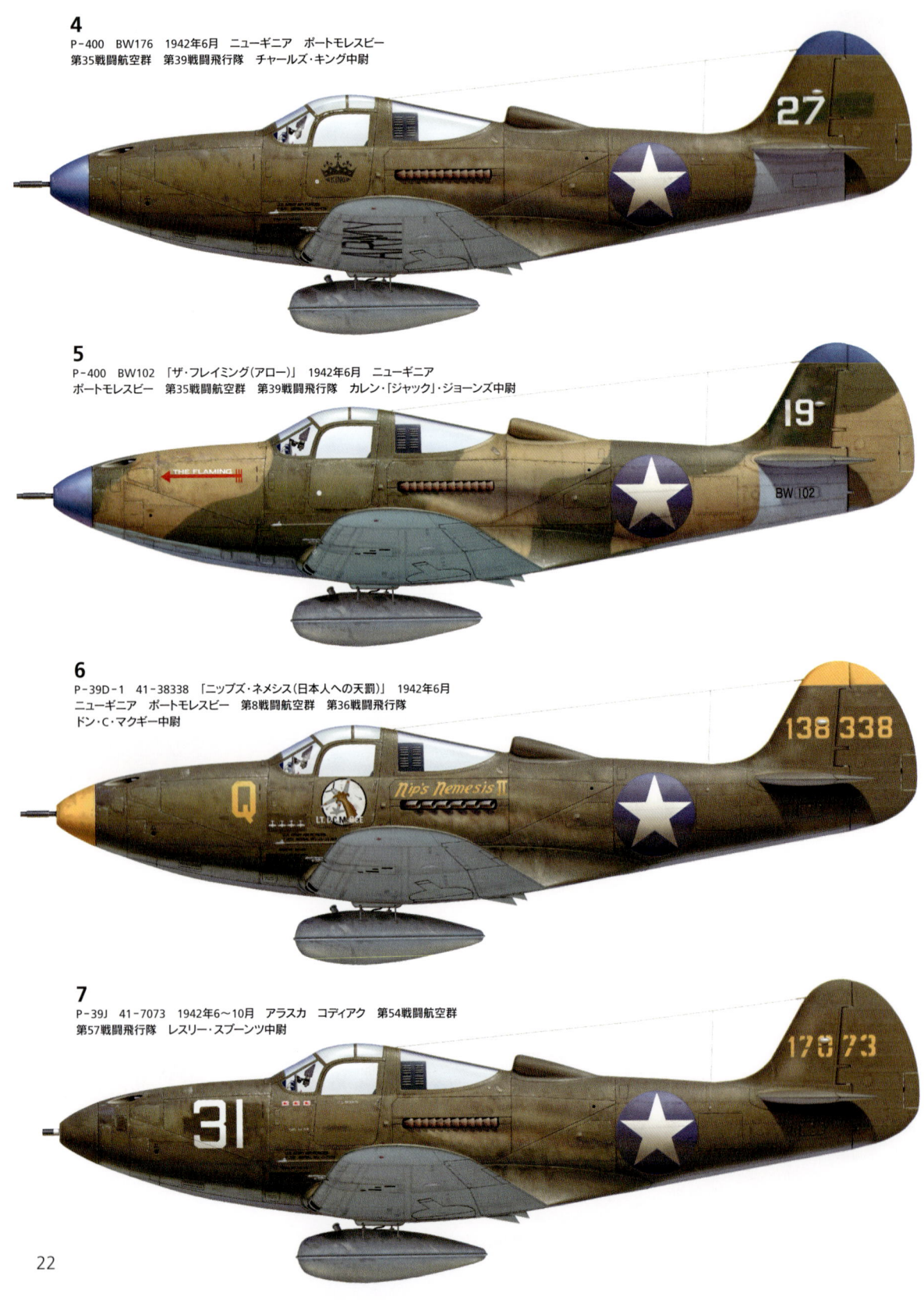

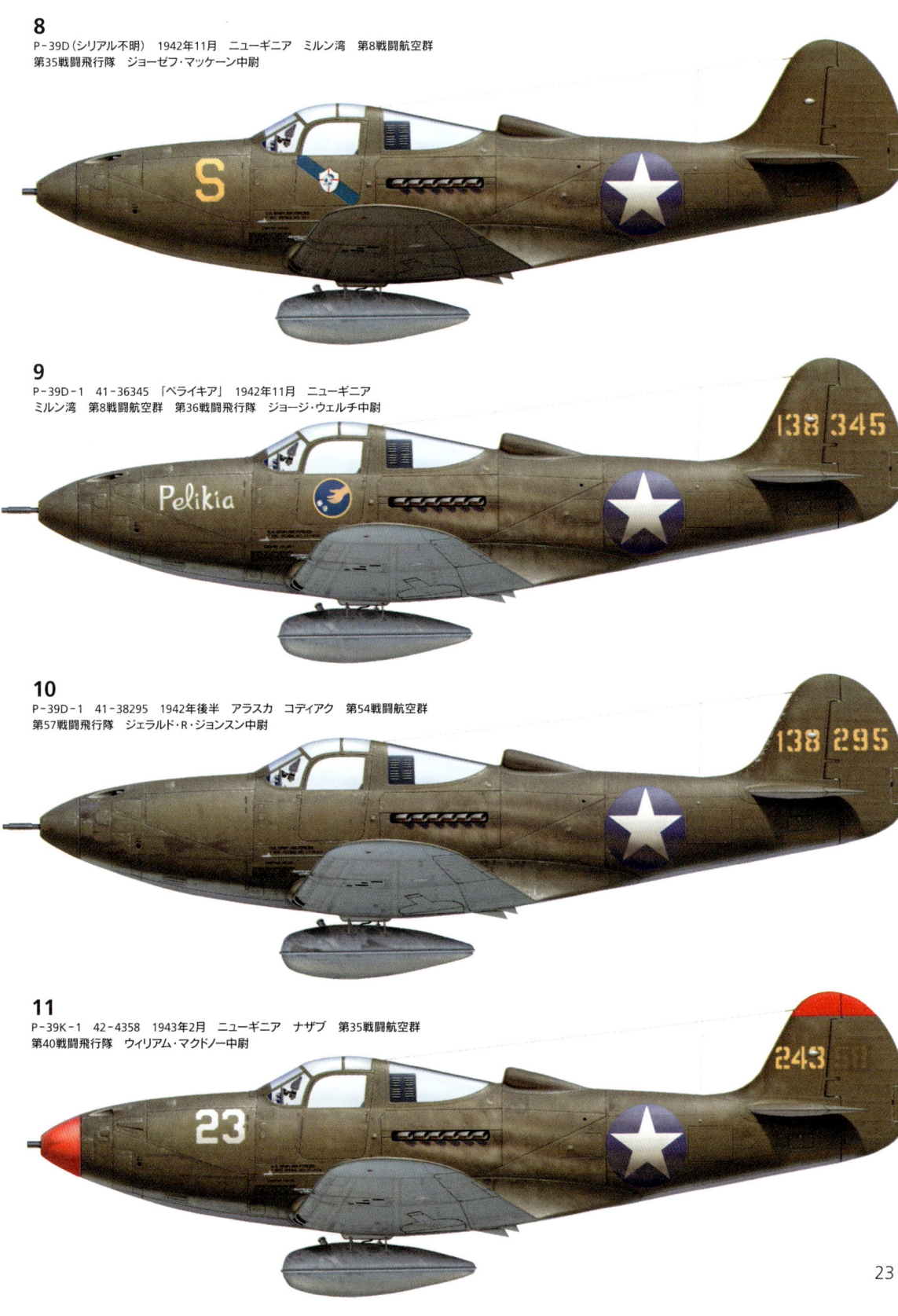

**8**
P-39D(シリアル不明) 1942年11月 ニューギニア ミルン湾 第8戦闘航空群
第35戦闘飛行隊 ジョーゼフ・マッケーン中尉

**9**
P-39D-1 41-36345「ペライキア」 1942年11月 ニューギニア
ミルン湾 第8戦闘航空群 第36戦闘飛行隊 ジョージ・ウェルチ中尉

**10**
P-39D-1 41-38295 1942年後半 アラスカ コディアク 第54戦闘航空群
第57戦闘飛行隊 ジェラルド・R・ジョンスン中尉

**11**
P-39K-1 42-4358 1943年2月 ニューギニア ナザブ 第35戦闘航空群
第40戦闘飛行隊 ウィリアム・マクドノー中尉

**12**
P-39N(シリアル不明) 1943年4月 パナマ運河地域 第52戦闘航空群
第32戦闘飛行隊 ウィリアム・K・ジロー中尉

**13**
P-39D-2 41-38506 1943年4〜6月 ニューギニア ポートモレスビー
第35戦闘航空群 第41戦闘飛行隊 ロイド・「ヨギ」・ロッサー中尉

**14**
P-39L-1 42-4520 「エヴリン」 1943年春 アルジェリア メゾン・ブランシュ
第350戦闘航空群 第346戦闘飛行隊 ヒュー・ダウ中尉

**15**
P-39N(シリアル不明) 1943年6月頃 ガダルカナル 第347戦闘航空群
第68、70戦闘飛行隊 ビル・フィドラー中尉

**16**
P-39（サブタイプ、シリアル不明） 1943年8月 ニューギニア チリ・チリ
第35戦闘航空群 第40戦闘飛行隊 ボブ・イェーガー中尉

**17**
P-39（サブタイプ、シリアル不明） 1943年8月 ニューギニア チリ・チリ
第35戦闘航空群 第40戦闘飛行隊 トム・ウィンバーン大尉

**18**
P-39N-5 42-18805 「トッディ」 1943年9月 ニューギニア チリ・チリ
第35戦闘航空群 第41戦闘飛行隊 ヒルバート大尉

**19**
P-39L-1 42-4687 「リトル・トニ」 1943年9月 カリフォルニア
ヘイワード 第357戦闘航空群 第362戦闘飛行隊 さまざまな操縦者が使用

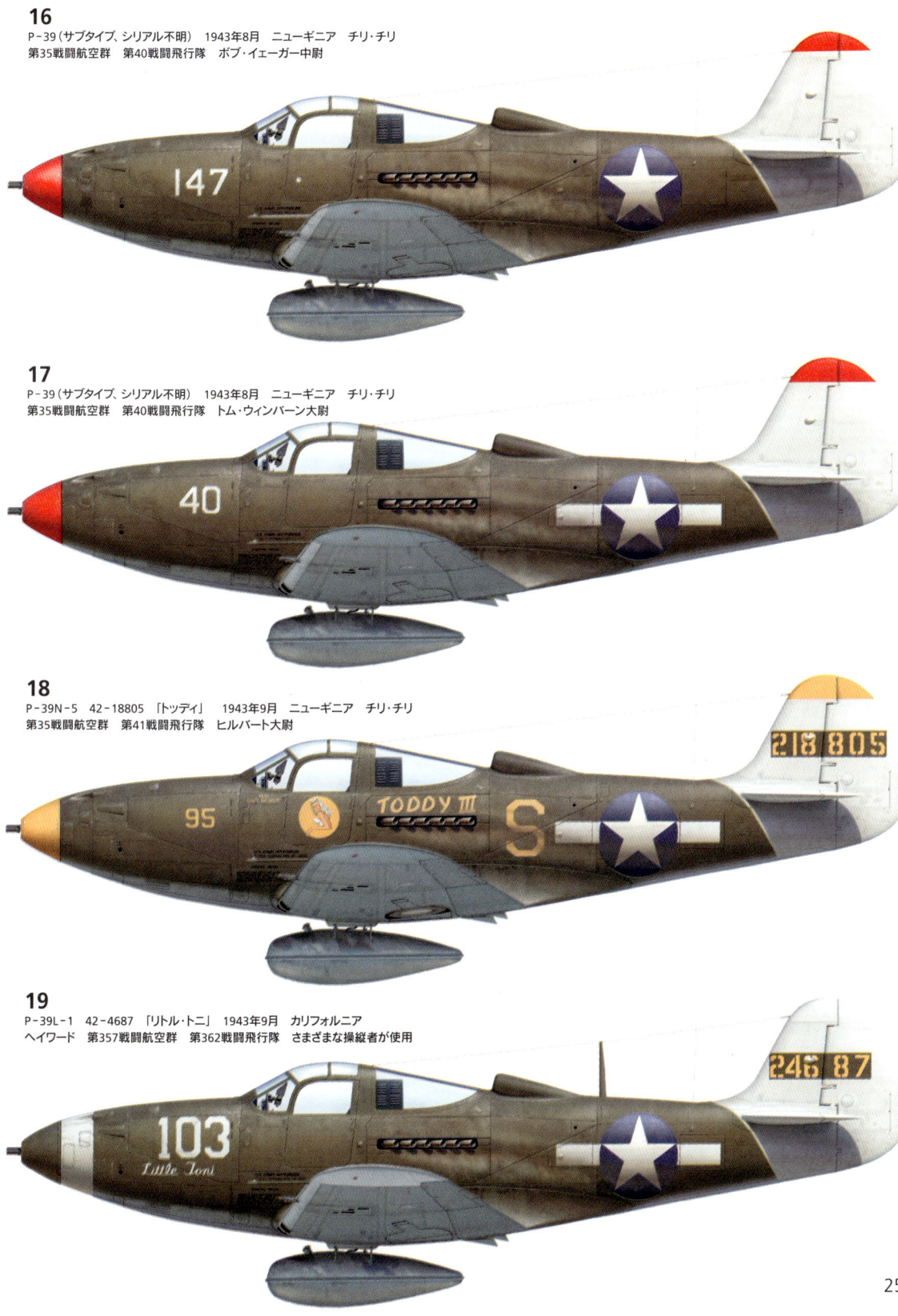

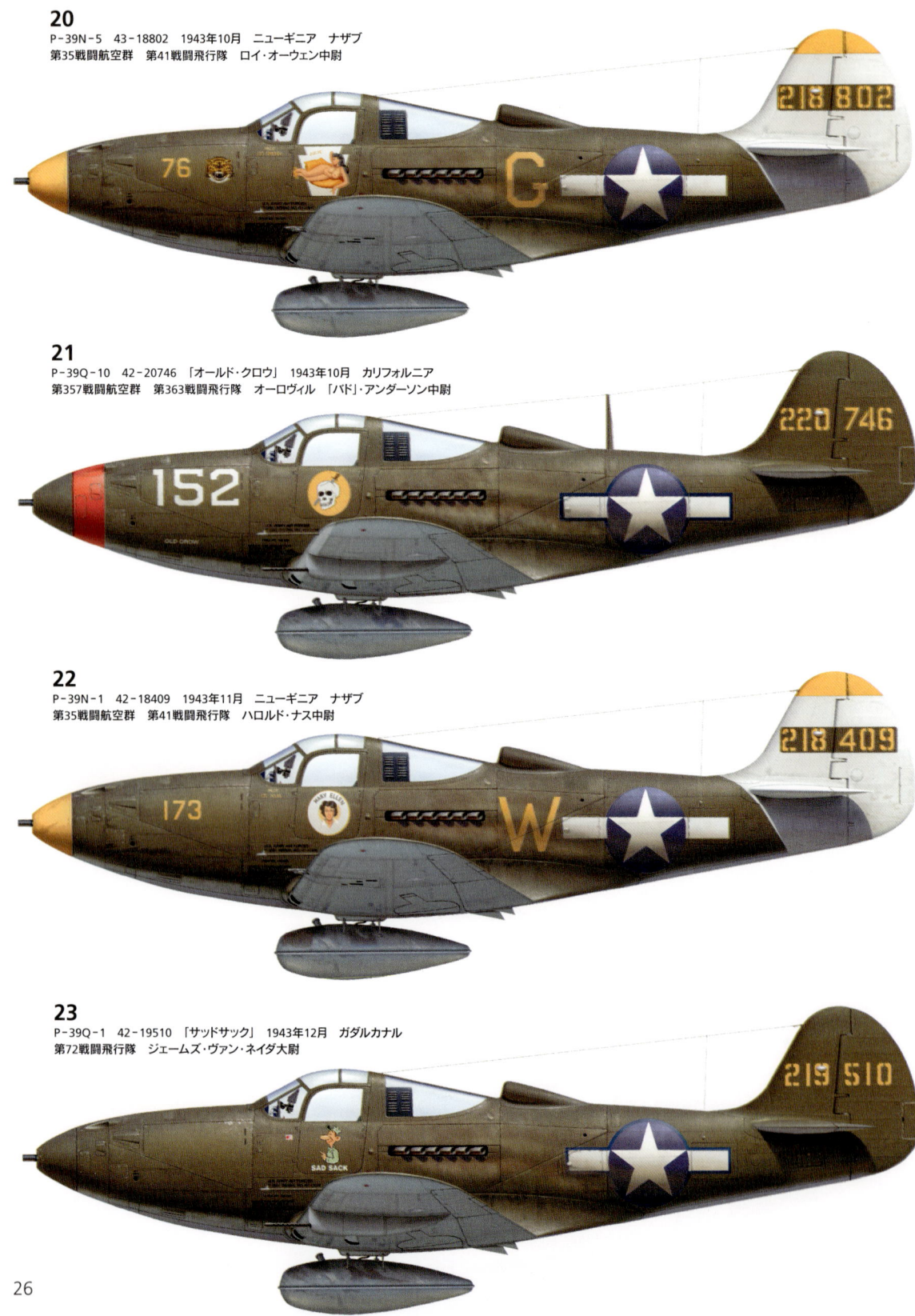

**20**
P-39N-5　43-18802　1943年10月　ニューギニア　ナザブ
第35戦闘航空群　第41戦闘飛行隊　ロイ・オーウェン中尉

**21**
P-39Q-10　42-20746　「オールド・クロウ」　1943年10月　カリフォルニア
第357戦闘航空群　第363戦闘飛行隊　オーロヴィル　「バド」・アンダーソン中尉

**22**
P-39N-1　42-18409　1943年11月　ニューギニア　ナザブ
第35戦闘航空群　第41戦闘飛行隊　ハロルド・ナス中尉

**23**
P-39Q-1　42-19510　「サッドサック」　1943年12月　ガダルカナル
第72戦闘飛行隊　ジェームズ・ヴァン・ネイダ大尉

**24**
エアラコブラI　AH636　「白の33」　1942年秋
第19親衛戦闘機連隊　イワーン・ドミートリエヴィッチ・ガイダエンコ大尉

**25**
P-39D-2　41-38428　「白の37」　1943年4月
第16親衛戦闘機連隊　ヴァディーム・イワーノヴィッチ・ファデーエフ大尉

**26**
P-39K-1　42-4403　「白の21」　1943年春　クバン　第45戦闘機連隊
ドミートリイ・ボリーソヴィッチ・グリーンカ上級中尉

**27**
P-39Q（シリアル不明）　「白の10」　1943年後半　ションギー
第19親衛戦闘機連隊　パーヴェル・ステパーノヴィッチ・クタホフ大尉

**28**
P-39N（シリアルと操縦者氏名不明）「銀の24」 1944年夏
レニングラード戦線　第191戦闘機連隊

**29**
P-39Q-25　44-32286　「白の77」 1944年9月　ポーランド　第213親衛戦闘機連隊
ニコラーイ・ヴァシーリエヴィッチ・ストローイコフ上級中尉

**30**
P-39N-1　42-9434　「白の45」 1944年10月　ポーランド　第16親衛戦闘機連隊
アレクサーンドル・フョードロヴィッチ・クルーボフ大尉

**31**
P-39Q-5　42-20414　「黄色の93」 1944年秋　ポーランド
第30親衛戦闘機連隊　アレクサーンドル・ペトローヴィッチ・フィラートフ大尉

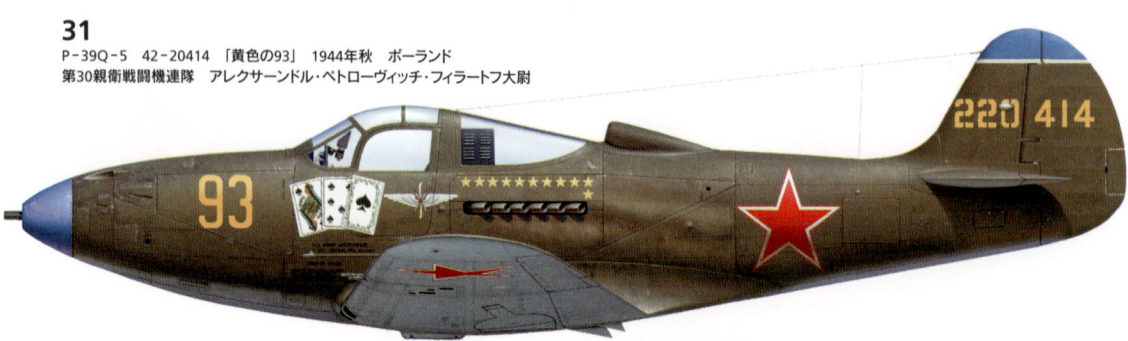

**32**
P-39N-0　42-90330　「白の01」（左側面）　1945年1月　ドイツ
第100親衛戦闘機連隊　イワーン・イリイッチ・ババック大尉

**33**
P-39N-0　42-90330　「白の01」（右側面）　1945年1月　ドイツ
第100親衛戦闘機連隊　イワーン・イリイッチ・ババック大尉

**34**
P-39N（シリアル不明）　「白の50」　1945年2月　ドイツ
第16親衛戦闘機連隊　コンスタンティーン・ヴァシーリエヴィッチ・スーボヴ上級中尉

**35**
P-39N-0　42-9004　「白の100」　1945年春　ドイツ　第9親衛戦闘機師団
アレクサーンドル・イワーノヴィッチ・ポクルィーシキン大佐

**36**
P-39N-0　42-9033　「白の01」(左側面)　1945年5月　ドイツ
第100親衛戦闘機連隊　グリゴーリイ・ウスティーノヴィッチ・ドールニコフ

**37**
P-39N-0　42-9033　「白の01」(右側面)　1945年5月　ドイツ
第100親衛戦闘機連隊　グリゴーリイ・ウスティーノヴィッチ・ドールニコフ

**38**
P-39N-1　42-9553　「白の84」　1945年春　ドイツ
第30親衛戦闘機連隊　ミハイール・ペトローヴィッチ・レンツ少佐

chapter 2

# 第13航空軍の成功
thirteenth air force successes

　第8と第35戦闘航空群のP-39が東部ニューギニアで日本軍と戦い抜いている間、南太平洋ニューカレドニアと、クリスマス島に配置されていた第13航空軍にP-39部隊が配備されることになった。最初に戦闘に入ったのは8月22日、ガダルカナル島のヘンダーソン基地に配置された第67戦闘飛行隊の5機のP-400であった。
　その飛行小隊の指揮官デイル・ブランノン大尉は、P-400が戦場であるその島に到着後48時間で同隊最初の戦果としてデルティス・フィンチャー中尉との協同撃墜を報じた。小隊はヘンダーソン基地に向かっていた九九艦爆を

この第67戦闘飛行隊のP-400は、12本の排気管の上にニックネーム、「ファンシー・ナンシー」を書き込んでいる。この写真は、1942年8月22日、5機のP-400による初戦闘の後、ガダルカナルのヘンダーソン飛行場で撮影された。(via Bell Textron)

ヘンダーソン飛行場での小康を楽しむ、未来の15機撃墜のエース、ジョン・ミッチェル(右)。かれは、第70戦闘飛行隊のガダルカナルでの最初の時期に戦い、P-39で三度にわたって戦果をあげた。(via Ames)

邀撃、それを掩護していた零戦1機の撃墜を報じたのである。ブランノンは8月30日にも激戦に身を投じ、攻撃されていた数機のP-400を救援するために突進した。かれはたちまち2機の零戦を撃墜したものの、エアラコブラ4機とその操縦者の喪失を防ぐことはできなかった。
　日本軍は米軍のガ島侵攻に対して8月、そして9月も兵力のすべてを投じて反攻したが、それを迎え撃った米海軍と海兵隊の戦闘機によって多くの航空機を失った。P-400が勝利を収めるには時間がかかり、その後は10月9日の早朝に、ジョン・W・ミッチェル大尉と、ウィリアム・ショウがガ島に増援部隊を降ろして帰還する船舶を援護していた2機の水上機を捕捉するまで戦果はなかった。
　この時、それぞれ1機ずつを撃墜した後、ミッチェルは11月7日にまた水上機(二式水戦)1機の撃墜を報じた。さらに後、かれはP-38のエースとして山本五十六提督の命を奪った栄光の長距離作戦の指揮をとった。
　散発的な成功を収めつつはあったが、作戦中のP-400は依然いくつかの問題に悩まされていた、特に戦闘機としての高空性能の不足が問題であった。来襲した敵機が高空過ぎて(6000m以上)、邀撃に上がった操縦者が有効な邀撃ができないことも再三再四であった。この戦闘機の高圧酸素供給機は、そのアリソンエンジンとともに高空での戦闘には適していなかった。
　高空での戦闘を別の戦闘機に譲ることを余儀なくされたエアラコブラが次に戦果をあげたのは、12月3日、ガ島からの航空機で日本の大規模な兵員輸

1942年10月、クリスマス島の椰子の林で日向ぼっこする第12戦闘飛行隊のP-39D。この部隊は11月にガダルカナルへ投入される前は、ハワイ、ニューカレドニア間の南洋の楽園で訓練していた。同飛行隊の撃墜戦果は12機を越えることがなかったにもかかわらず、地上部隊支援作戦に関する記録は格別であった。第12戦闘飛行隊は、この時期は終始、未来のエース、ポール・ビッチェル少佐の指揮下にあった。(via Bell Textron)

送船団を攻撃したときであった。SBD急降下爆撃機と、TBF雷撃機が少なくとも1隻の日本駆逐艦を損傷させる一方、掩護の戦闘機隊は10機のF1M零観の撃墜を報じ、うち4機が第67戦闘飛行隊のP-400による戦果であった。戦果を報じた者のひとり、ジード・フォンテイン中尉は当初、5.5機もの撃墜確実戦果をあげたと記録されていたが、後に作り直された記録では、かれの12月3日の戦果は1機に削られている。

クリスマス・イヴ、後の5機撃墜エース、第12戦闘飛行隊のポール・ビッチェル中尉は、初めての撃墜戦果2機を報じた。第13航空軍のソロモン戦役でもっとも珍しいエースのひとりであるかれは11月にこの島の航空分遣隊に増援要員として着任した。その後の戦いにおいて、ビッチェルはまずP-39K-1で零戦の撃墜2機を報じ、さらにP-38Gで2機、そして最後の5機目は海兵隊のVFM-124から借用したF4U-1コルセアで撃墜を報じたのである。

かれの最初の戦果2機はムンダの飛行場に対する急降下爆撃の際に報じられた。12月23日の夜、24機の零戦が同飛行場に飛来し、翌日、米軍の戦闘機部隊、F4Fワイルドキャット、P-39と到着したばかりの第70戦闘飛行隊のP-38Gが離陸しようとした日本戦闘機のうち14機を空から一掃した、そして米軍の急降下爆撃機が地上にいた残りの零戦10機を粉砕したのである。

高度25600mを飛ぶP-39小隊の1機であったビッチェルは、掩護戦闘機として島に接近中、ムンダから上昇中の零戦6機を発見した。高度の優位を効果的に使って、かれは素早く敵機の後方に占位したが、最初の射撃では命中弾を得られなかった。かれは実戦で射撃をするのはこれが初めてだったが、零戦が緩旋回を続けていたので、今度は真後ろから狙うことができた。そのため、ほとんど見越し角度を考慮する必要もない射撃を受けて、零戦は炎を噴出し、やがて海中に墜落した。同機の最後はビッチェルの僚機が目撃証言している。

残りの零戦は、これまでP-39の存在に気づいていなかったように見えたが、危険を察し池のアヒルのよう

1942年12月、フィジーからガダルカナルへC-47で空輸される直前の第70戦闘飛行隊の操縦者。立っているのは左から右へ、ジョー・ムーア、ジョージ・トッポル、ヘンリー・ヴィックセッロ、A・J・バック、レックス・バーバー、ディック・リヴァース、そして、ボブ・ペティット。かがんでいるのは、左から、ビル・ダギット、ハーヴェイ・ダンバー、ダレル・コサート、トム・ランフィアーと、フィル・ヘンドリックス。(Cosart via Cook)

第12戦闘飛行隊のP-39の傍らでポーズするポール・ビッチェル（主翼上、右から3番目）とかれの小隊。同部隊が初めてガダルカナルに到着した1942年12月までに、連合軍は8月に第67戦闘飛行隊がヘンダーソン飛行場にやってきた頃に比べ、空では遥かに優勢となっていた。その結果、空戦の機会は減少していたが、交戦があった時には、操縦者が日本機に対して戦果をあげやすくもなっていた。(via Ames)

にパッと散った。ビッチェルの僚機は無線で、後方に零戦が迫っていると警告、かれは肩越しの素早い一瞥でこれを確認した。敵機の曳痕弾が螺旋を描いてP-39に向かっている。かれは右に急旋回したが、急激すぎたため機体は錐り揉みに入ってしまった。そうとう高度を失った後、錐り揉みから回復したビッチェルは編隊から離れ、単機になってしまっていた。数分後、かれは単機の零戦を発見、短い間に忍び寄り、一連射で撃墜した。ビッチェルの2機目は、地上の米軍部隊が墜落を確認している。

さまざまな機種の戦闘機を実戦で飛ばしたポール・ビッチェルはエアラコブラの性能について語る適格者だろう。

「わたしは、まだYP-39であった1941年の2月28日、オハイオ州のパターソン・フィールド飛行場で初めて飛ばして以来、P-39で多くの経験を積んだ。パターソン・フィールドでは実用試験と、わたしの部隊、陸軍でもっとも早くP-39を配備された第39追撃飛行隊の任務飛行の両方で飛行時間はどんどん伸びていった。1942年の初頭、わたしはクリスマス島に派遣され、第12戦闘飛行隊の新人の訓練を担当したため、飛行時間はさらに伸びた。

「飛ばしたことのある飛行機の中でも、わたしは空中、地上での操作性、視界など一般的な性能すべてにおいて、P-39は最高であったと評価している。まず、その武装（火器自体と弾薬）に感銘し、満足したが、それは実戦に赴くまでのことだった。.50口径(12.7mm)を除く兵装はすべて操縦席からケーブルを引いて装填しなければならなかった。ハンドルはまず床にふたつ、右翼の.30口径(7.62mm)用は操縦席右側、左翼の.30口径用は左側にあり、機関砲用のもうふたつ（それぞれ装填／排莢用と、撃発用）は中央の操作盤にあった。プロペラ同調式の.50口径用のハンドルは計器盤の左右にあった。テコの作用が最低限であったので、装填の際はいつもハンドルを引ききる最後の部分がいちばん大変だった。

「わたしが乗った機体に関して言えば、37mm機関砲が満足に作動したことはまったくない。1発、せいぜい3発撃つと射撃は停まり、空中でその故障を排除するのはまず不可能であった。代わりに搭載する20mm機関砲を見つけることができた部隊は、何かと交換に、できる限り早くそれを手に入れようとした。P-400（P-39の英軍仕様）と、P-38が標準装備としていたヒスパノの20mm機関砲は信頼性の高い兵器だった」

ポール・ビッチェルは結局、第12戦闘飛行隊の指揮官となり、それは1943年1月13日、第13航空軍によって正式に発効させられ、同部隊は割り当てられた飛行機がなんであれ、最善を尽くしたのである。P-39

1942年中頃、訓練でクリスマス島から離陸、太平洋上を飛ぶ第12戦闘飛行隊のP-39D。同部隊は、次第に戦闘参加への態勢を整えていたが、1942年8月の米軍のガダルカナル侵攻後は、無秩序に戦闘投入された。実際、訓練は中途で切り上げられ、操縦者たちは実戦に赴く準備も整わないうちに前線に配備された。(via Ames)

操縦者の大半はソロモン諸島北部を攻撃する爆撃機の掩護や、低空侵攻、あるいは通常の哨戒任務を実施していた。

この時期、米軍でただひとり、P-39のみによる戦果で5機を撃墜したエースがいた。第70戦闘飛行隊のウィリアム・フィドラー中尉は1943年1月26日、バラレ島を爆撃するB-17の掩護中に零戦の撃墜1機を報じた。翌月、日本軍はソロモン諸島東端の島（ガ島）からの撤退を決意し、フィドラーは2月4日、帰航中の「東京急行（日本の輸送船団）」を攻撃する爆撃機の掩護中に2機目の零戦の撃墜戦果を報じた。

ソロモン諸島の中を抜ける狭い水路「スロット」を抜けようとする22隻の日本海軍駆逐艦と輸送船が発見され、戦闘機28機と、爆撃機25機からなる米軍部隊が慌ただしく発進、日本の船団攻撃に向かい、その艦船攻撃中、掩護していた零戦多数の撃墜が報じられたのである。

第70戦闘飛行隊のP-39、8機を率いるジェームス・ロビンソン大尉はこの作戦で、零戦1機をうまく襲い、正確な一連射で爆発させた。ほんの数分後、ロビンソンは2番目の海軍戦闘機の撃墜を報じ、あるワイルドキャットの搭乗員がその零戦が燃えながら海中に落ちるのを目撃した。ウィリアム・フィドラーはかれの指揮官につづいて日本の掩護戦闘機隊に真っ向から突っかかって行き、日本戦闘機が米軍機の攻撃を阻止する前に、零戦1機撃墜を報じた。

この後、1943年6月、日本軍が南太平洋で連合軍の優勢を覆そうとする絶望的な試みを演ずるまでエアラコブラが撃墜戦果を報じることはなかった。この月の12日、零戦50機による大規模な戦闘機侵攻があり、90機の連合軍戦闘機がこれを迎え撃ち、30機以上もの撃墜が報じられた。4月に第68戦闘飛行隊に転属になっていたフィドラーはこの戦闘で3機目の零戦の撃墜を報じた。

4日後、また日本軍の大兵力がボーフォート湾とエスペランス岬のあいだで邀撃され、ふたたび多数が撃墜された。うち2機の九九艦爆はフィドラーの戦果であった。かれの小隊は一番最後に戦闘に加入したため、すでに先行していた邀撃機が掩護の日本戦闘機を追い散らしていた。このため、フィドラーの小隊は掩護のない艦爆を襲い、P-39は撃墜6機を報じた。

手早く艦爆1機を片づけたものの、P-39Kの機首12.7mm機銃が故障したためフィドラーの戦果拡大は一時中断された。かれは主翼の7.62mm機銃のみで重要な5機目を撃

1942年中期、密集編隊飛行訓練中の第12戦闘飛行隊所属のP-39。同部隊のエアラコブラは全機、女性の名前と公式な部隊標識（手でしっかりと摑んだ稲妻）をまとっている。編隊の手前「イノセント・イモジェン」の腹部から、落下タンクの装着架が付きだしていることに注目。（via Ames）

米陸軍航空隊で唯ひとり、エアラコブラで5機を撃墜したビル・フィドラーが乗っていたP-39の珍しい写真。このP-39Nは1943年初頭の本当に良い時期に撮影されている。操縦者の功績にもかかわらず、この古参戦闘機には撃墜マークがなく、二桁の機体番号と、髑髏と交叉した骨のマーキングだけが見える。（via Cook）

ち落とさざるを得なかった。

　この一方的な戦いの帰還報告に際して、米軍操縦者の多くはこの日掩護についていた零戦の搭乗員は明らかに経験不足であったと述べている。この時、海軍と海兵隊の搭乗員によって日本機30機以上の撃墜が報じられ、第13航空軍の戦闘飛行隊はさらに40機以上もの撃墜を報じている。この日、交戦した日本戦闘機、爆撃機の総数は90機であったと見積もられている。

　5機の撃墜戦果を掌中にし、日本軍の航空作戦がにわかに活発化したこともあって、ビル・フィドラーは第13航空軍の大エースのひとりへの道を進み始めたかのように見えた。しかし、エースの地位を獲得してから正確に2週間後、かれはガ島での珍しい事故で命を落とした。フィドラーは、誘導路上で離陸を待つP-39の操縦席にいたが、そこに浮揚直後にエンジン故障に見舞われたP-38が衝突したのだ。両機とも爆発し、未来のP-40エース、フランク・ゴントが勇敢にも燃え上がる機体から意識を失ったフィドラーの体を引きずり出した。だが、このP-39エースは誰か見分けもつかないほどの火傷を負っており、数時間後に息を引き取った。

　南太平洋で1942年から43年まで行われた幾たびもの戦闘機対戦闘機におけるエアラコブラ部隊の貢献を忘れる者はいないだろう。だが、P-39またはP-400に乗り、その後、他の戦闘機に機種改変した操縦者たちの大半が、エアラコブラに名残を感じたかどうかはわからない。しかし、1942年後半から43年初期までソロモンで戦われた絶望的戦闘中、ベル戦闘機は低空攻撃と邀撃にはどうしても欠かせない存在であった。

　「チャック」・イェーガー准将が本書の冒頭で述べていた、飛行機それ自体よりも操縦者の技量がより重要であるということを、この戦域での第13航空軍の経験が裏付けている。

　ソロモン奪回戦におけるP-39またはP-400による戦果の多くは、ジョン・ミッチェルや、ビル・フィドラーなどのような戦闘機乗りの戦意によるものであった。この戦域でベル戦闘機は、航続距離の不足、不満足な高空性能、兵装の信頼性の欠如などによって、もはや戦果をあげることはできなかった。

5月はじめには公式に撤去するよう命じられていた「ミートボール」、すなわち星の中の赤い丸をつけたまま、1942年初頭にフィジーで撮影された第70戦闘飛行隊のP-39。この飛行隊からの分遣隊は12月までにガダルカナルに進出、同部隊の伝説的なエース、ジョン・ミッチェル、レックス・バーバー、そしてトム・ランフィアはみな揃ってこの時期にP-39で初陣を迎えた。ミッチェルはこの戦闘服務で3機撃墜を報じ、バーバーとランフィアはそれぞれ1機を報じている。全部ではないにせよ、1943年4月18日、P-38でガダルカナルから山本五十六機撃墜に飛んだ操縦者の大半は、この時期、第70戦闘飛行隊でP-39に乗っていた。(via Douglass Canning)

chapter 3

# 南西太平洋における最後の戦果
final victories in the Southwest Pacific

1943年初期、ナザブの列線で撮影されたビル・マクドノー中尉のP39K-1、42-4358。将来5機撃墜のエースとなるかれは、1943年2月6日、ワウ上空の記念すべき空戦で、本機に乗って零戦撃墜2機（と不確実1機）を報じた。本機は、この頁の下の42-4358の写真に示すドナルド・ダックを機首の右側に描いているが、左側には描いていない。第Ⅴ戦闘機集団の操縦者達は、これまでの左側ではなく右側を飾り立てるのを好んでいた。(via Krane)

　ニューギニアのエアラコブラ部隊は1943年末までに機種改変を行った。第XⅢ戦闘機集団はP-39の大半を遅くともその年最後の3カ月のあいだにはP-38に代え、第Ⅴ戦闘機集団からもクリスマスまでにはP-39がいなくなった。だが、P-39の生産はソ連邦用に継続された。

　1943年初頭に話を戻そう、第80戦闘飛行隊は1月17日、ニューギニアで7番目にして最後のエアラコブラによる戦果を報じた。戦果は将来P-38によって22機撃墜のエースとなる、ジェイ・T・ロビンスと、ジェラード・ロジャースによってニューギニアの東端、ファーガスン島で撃墜されたキ21「九七重爆」であった。しかし第5航空軍が協同撃墜を認めなかったため、ふたりはコインを投げて決め、ロジャースが勝った。ロビンスはキ21撃破2機を公認された。

　おそらく第Ⅴ戦闘機集団のP-39によるもっとも印象的だった邀撃戦は1943年の2月から8月までに起こったものであろう。当時、少なくとも三度、米軍に有利な状況があり、P-39操縦者は40から50機以上もの撃墜を報じて、この時期の米陸軍航空隊の優位確立におおいに貢献した。

　1月末、空戦の多くは、日本軍が固守しているラエからほんの数km南に下った前線飛行場であるワウの上空で行われた。日本軍が幾度となくこの「刺さった棘」を排除しようとする攻撃を仕掛けたことからも、その重要性を実感することができる。1月末まで、ワウの周辺では残忍な戦闘がつづき、日本軍

マクドノーのエアラコブラの機首にある絵を披露する未来のエース（一番右）と、機付兵、バルズスキーとピアーズ。マクドノーは1944年2月～3月、第35戦闘飛行隊のP-47で撃墜3機を報じて、エースの地位を得た。翌月、かれは戦闘服務期間を終える間際、少佐に進級したが、4月22日、ポートモレスビー付近でサンダーボルトから脱出、落下傘がうまく開かずに死亡、この事故の日から数日のうちに米国へ帰ることになっていた。(via Krane)

は多大な損害をこうむって、ようやく連合軍がこの基地を使い続けるのもやむなしと認めた。

　ワウでの地上戦闘に敗れたにもかかわらず、日本軍は1943年の半ばまで、この飛行場に対する爆撃と地上掃射をつづけた。このような空襲を迎え撃ちながら第40と、第41戦闘飛行隊のP-39操縦者は、さらに基地の補強と補給のため定期往復していたC-47輸送機の掩護で注目に値する戦果を収めた。

　2月6日、7機の九七重爆を掩護する21機の日本陸軍航空部隊の一式戦(オスカー)を迎え撃ったのもそんな戦いであった。遭遇した時、ワウ上空でC-47を護衛していた第40戦闘飛行隊のP-39、8機はキ43一式戦を奇襲できる有利な態勢にあった。米軍は上空から発砲しつつ降下攻撃し、日本戦闘機11機と九七重爆1機の撃墜を報じた。エドウィン・シュナイダー中尉は戦闘機2機と爆撃機1機の撃墜を報じ、この戦いで最高の殊勲者となり、ビル・マクドノーは戦果獲得の第一歩としてキ43撃墜2機を報じた。米陸軍航空隊の損害はC-47が1機撃墜され、もう1機が不時着を強いられたのみであった。この空戦は10時45分にはじまり、11時までにP-39はみな引き揚げた。

　ちょうど正午を過ぎた時、第41戦闘飛行隊のP-39がワウ上空の哨戒飛行にかかり、かれらもまたキ43と交戦した。まったく損害を受けずに撃墜4機を報じ未来の5機撃墜のエース、フランク・ダバイシャーもこの戦闘中に最初の1機撃墜を報じた(かれは零戦1機を撃墜したと公認された)。第5航空軍司令官ジョージ・ケニー大将はこの日の戦果でおおいに気をよくしたが、故国でかれの部隊が過大戦果を報じているなどと批判されないよう、わざわざ軽い調子で報道機関に発表した。

1943年2月6日、ワウ上空の空戦で戦果をあげたもうひとりの操縦者、第40戦闘飛行隊のトーマス・ウィンバーン中尉は一式戦撃墜2機を報じている。(via Krane)

ジェネ・ドブール中尉もまた2月6日の空戦で、一式戦撃墜1機を報じている。ウィンバーンの戦闘機は、操縦席を涼しくしておき、機体中央に位置するエンジンを整備する地上勤務者の重労働をいくらかでも軽減できるよう、個人の帆布で覆いが作られている。同機の37mm砲が、ヒスパノの20mm砲に交換されていることに注意。(via Krane)

戦場では何もかも計画通りにゆくとは限らない。ナザブに着陸中、災難にあったこの第40戦闘飛行隊のP-39は、首脚が故障していたに違いない。この戦域の整備が悪い飛行場は3輪式のエアラコブラには厳しく、同機は米陸軍のP-40や、P-47など同様頑丈だという評価は得られなかった。(via Krane)

1943年後半、ポートモレスビー上空を哨戒飛行する第35戦闘飛行隊の2機のP39Q-5。両機とも主翼の下に.50口径機関銃のポッドを装着し、75米ガロン(284リッター)の落下タンクをひとつずつ吊り下げている。1943年秋から導入された「スター・アンド・ストラップス」の国籍標識に注目。

1943年初期、ポートモレスビー付近に点在する飛行場で撮影された、第35戦闘航空群のP-39N-2の列線。1942年の末まで、これらの基地の状態はひどいものだったが、ドボデュラに新しい基地ができた時に初めて、ニッパ椰子の小屋や、管制塔が造られるようになった。写真の戦闘機のうち、尾翼頂部とプロペラハブが暗い(赤)のは第40戦闘飛行隊の所属、明るい(黄)のは第41戦闘飛行隊の所属機である。(via Krane)

　つづいてポートモレスビーとオロ湾に対する大規模空襲がはじまり、4月21日の空襲に日本軍は大きな兵力を投じた。爆撃の大編隊をおびただしい数の戦闘機が掩護し、ポートモレスビーへ向かっていた。だが、運良く、第Ⅴ戦闘機集団はうまく邀撃できるほどに早期の警報を受けていた。少なくとも25機の航空機が撃墜され、そのうちの半分が第35戦闘航空群のP-39が報じたものである一方、米陸軍航空隊の損害はわずかに2機のP-39のみであった。
　かくして主導権はおおかた連合軍のものとなり、米軍戦闘機は頻繁に日本軍領内で獲物を探すことになった。その結果、航続距離の短いP-40や、P-39は取り残され、もっとつまらない任務、たとえば局地的な哨戒や、輸送機の掩護任務につくこととなった。だが、絶え間なく日本軍の攻撃に曝されていたワウを基地にしていた第35戦闘航空群の35機のP-39はまだまだ活躍することになる。同航空群が1943年8月14日、そこに住処を移したその翌朝、9時10分、一式戦に掩護されたキ48「九九双軽」からなる大編隊が、P-39に守られたC-47が着陸しつつあるワウに向かってきた。輸送機2機とその積み荷

上と下●第35と、第36戦闘飛行隊の隊員、1942年後半、ミルン湾での戦いの合間に撮影したものである。年末、ここでの戦闘は次第にブナに向かって北東に移動していたため、大忙しだった両飛行隊の隊員たちもようやく写真を撮るようなゆとりを得たのである。(via Steve Maksymyk and Jim Wailker)

と乗員が失われたが、第41戦闘飛行隊のP-39は少なくとも九九双軽10機と、一式戦3機の撃墜を報じて速やかに報復した。

フランク・ダバイシャーは チリ・チリ地区で双軽3機撃墜を為し、この日もっとも際立った戦果を報じた。一方、ボブ・アドラーは双軽2機を、カーリー・ウーリーは双軽1機と隼1機撃墜を報じた。

空戦開始後5分、第40戦闘飛行隊もまた同地区で戦闘に巻き込まれ、数分のうちに双軽3機と一式戦1機の撃墜を報じた。一式戦と双軽のうち一機はP-39N-5 42-19012で飛んでいた未来のエース、ボブ・イェーガー中尉の戦果として公認された。P-39はこれらの勝利で第Ⅴ戦闘機集団におけるもっとも実り多き日を飾ったが、第35戦闘航空群は4機のP-39と操縦者3名を失った。

月を経るごとに連合軍は日本軍を北に北にと圧迫してゆき、P-39部隊はベ

ル戦闘機の航続距離が十分でなかったため戦いに際しては苦労することになった。同様の問題でP-40の戦力も減退、P-47もややその傾向にあった。実際、戦争最後の年、広大な太平洋を飛ぶ第V戦闘機集団の要望を満たすことができたのは「足の長い」P-38とP-51D/Kだけであり、そんなことで、1944年の後半までにすべての部隊がP-38かP-51で飛ぶことになった。

航続距離の不足から戦術的な価値を減じつつはあったが、P-39は1943年の末まで太平洋での作戦でたゆまず飛び続けていた。

1942年暮れから1943年1月いっぱいで終わりを告げたミルン湾での戦闘に参加していた第80戦闘飛行隊、地上勤務者の非公式写真。マラリヤにひどくやられたため、第80戦闘飛行隊は第8戦闘航空群の中で真っ先にP-38に機種を改変することになった。実際、罹患による被害は1943年の初頭までに、部隊の戦力を前線勤務に耐えられないほど蝕んでしまった。
(via 80th FS Association)

1943年初期、「ウィスキー・ビート」と名付けられたP-39N-5、42-18815で飛ぶ第41戦闘飛行隊のW・A・ハイモヴィッチ中尉。ハイモヴィッチは同飛行隊のエアラコブラによる最後の戦果のひとつとして、1943年11月26日に一式戦撃墜1機を報じた。
(via Krane)

このP-39D-2、41-38486のブレた写真は、1943年8月、ポートモレスビーのそばにあった飛行場から緊急離陸する第36戦闘飛行隊の映画フィルムから複製されたものである。戦争のこの段階において、P-39は輸送機や、船団の掩護、近距離の対地攻撃など二線級の任務を宛われていた。それでも第36戦闘飛行隊は1943年11月までP-39を使っていた。
(via Krane)

1944年後半、ニューギニアのビアクで古参のP-39Q-6、42-20351の翼の上でポーズをとる未来の議会名誉勲章受勲者、ビル・ショモー大尉。K-24、K-25カメラを機体後部に装着した写真偵察型のエアラコブラは、第71戦術偵察飛行隊が1944年11月に、機種をF-6Dマスタングに改変するまで、太平洋で重要な役割を担っていた。第82戦術偵察航空群、第71戦術偵察飛行隊の熟練したP-39操縦者であったかれは、F-6D（スヌーク5世）に搭乗し、1945年1月11日、1回の出撃で日本機11機を撃墜して名誉勲章を与えられた。（via Krane）

フランク・ダバイシャーは、1942年9月から、第41戦闘飛行隊の指揮官となった1944年3月まで人気上々の人物であった。P-400のBW111で、1943年2月6日、最初の戦果（一式戦1機だが、公式記録には零戦と記されている）を報じた「ダビー」は8月15日、さらにP-39N-5、42-18802で九九双軽3機の撃墜を報じた。かれは1944年3月13日、P-47D-11でエースとなり、同日、第41戦闘飛行隊を離れ、第35戦闘航空群の管理将校となった。ダバイシャーは戦後中佐で空軍を退役、2000年の3月にオレゴンで逝去した。（via Cook）

第5および、第13航空軍の戦闘機としては終焉が近づいていたにもかかわらず、ベル戦闘機は前線から離れるまでに、なおいくらかの戦果を報じている。エアラコブラは戦闘機ではなくなってからも、1944年11月にF-6Dマスタングが配備されるまで、写真偵察型に改造されたP-39Q-6が太平洋で、わずかながら使用されていた。

エアラコブラはニューギニアでも南太平洋でも戦闘に際しては力不足とされていたにもかかわらず、操縦者たちは同機が飛ばすのが楽しい飛行機であったことに慰めを見いだしていた。それでもやはり、戦闘機乗りたちはもっと高く、もっと速く、そしてもっと遠くまで飛べる飛行機を欲していたのである。

1943年8月初旬、ボブ・イェーガー、ビル・グレイ、リチャード・シマルツと、ピアーズ中尉がチリ・チリで、前者のP-39の前に立っている。イェーガーは1943年8月15日、P-39、42-19012に乗ってワウの近くで九九双軽、一式戦各1機撃墜を報じ、1944年3月11日には、第40戦闘飛行隊のP-47でさらに3機を撃墜した。（via Krane）

chapter 4

# アリューシャン、アイスランド、パナマ運河 そして地中海
Aleutians, Iceland, Canal Zone, and the MTO

　第二次大戦中、いくつかの戦域では敵との交戦が非常に少なく、戦意横溢した若い戦闘機乗りにとってそんなところに任務で送り込まれた生活は苦痛であった。アリューシャンでは悪天候が、パナマ運河上空では哨戒任務の退屈さが、敵戦闘機よりももっと切実かつ現実的な脅威であった。若くやる気満々の操縦者は、少なくとも戦うことができそうな南太平洋や、後には北アフリカで戦闘を経験しつつある部隊への転属を待っていた。

　ほとんど戦闘のない地域といえば、1942年の半ば、進駐してきた米軍につづき飛来した数個飛行隊の米軍用機を喜んで迎え入れてくれたアイスランドもそうであった。この移動は先に到着していた英軍との合意のもとに行われ、この島の基地を米軍将兵と資材が使用することにより、英軍は任務から解放され戦闘任務に復帰することができるようになった。

　7月から8月にかけて、多数のP-38、P-39、P-40が到着、1942年9月11日に編成された第342混成航空群に配備された。もっと戦闘密度の濃い戦域に移ってからエースとなる戦闘機乗りも何人かはここで、アイスランドからの航続圏内に入った船団の上空掩護という日常勤務からその経歴を開始した。そんな操縦者のひとり、第33戦闘飛行隊のジョン・C・メイヤーは後に24機の撃墜を報じ、第8航空軍最高のマスタングエース

1943年初頭、アラスカに配備されたP-39N-0、42-8926。ベル社は1942年の後半からN型の生産を始め、本機は米陸軍航空隊が受領した最初のN型の1機である。(via Bell Textron)

このP-39J、41-7073は第54戦闘航空群、第57戦闘飛行隊のレスリー・スプーンツ中尉の乗機であった。アラスカのコディアク島から飛んだアリューシャン戦役で、スプーンツはかれの戦闘服務期間中に日本機撃墜3機を報じた。操縦席下の撃墜マークに注目。だが、かれの戦果を裏付ける公式記録は何も残されていない。(via Michael O'Leary)

1942年初頭、アイスランドに着陸した直後に撮影されたエアラコブラ、国籍標識の真ん中に赤星が残っていることに注目。1942年から1943年にかけて、アイスランドから作戦した一握りの米陸軍航空隊機は、航続距離の短い米陸軍機でも邀撃できるほど島に近づいてきたドイツ軍偵察機と何度か交戦した。これらの空戦の結果、P-39の操縦者は何機かの撃墜戦果を報ずることができた。(via Bell Textron)

として知られることになる。

　アイスランドでのメイヤーの部隊は1942年8月、最初に到着した米陸軍戦闘機隊のひとつであると同時に、欧州戦域の米陸軍航空隊として、その月の15日に、はじめて撃墜戦果を報じた部隊でもあった。アイスランドを経由して英国に向かっていた第27戦闘飛行隊のP-38、1機が北大西洋を哨戒していたドイツの4発機、Fw200を捕捉した。公式記録には「P-38が素早い攻撃航過で同機を爆発させる前に、第33戦闘飛行隊の1機が攻撃しFw200を発火させた」、と書いてある。

　その第33戦闘飛行隊の操縦者ジョーゼフ・シャッファーが、この作戦にP-40あるいは、P-39で参加したのか明確にはわからない。同部隊はP-39でアイスランドに飛来したが、1942年にはウォーホークを使っていたことは明らかである。いくつかの参考資料では、この戦果を報じたのはP-40であると特定しているが、数日前にエアラコブラでアイスランドに飛来したばかりのシャッファーがまだ同機に乗っていた可能性も高い。

　機種はなんであったにしろ、第33戦闘飛行隊の隊員は未だにP-38が射程に入る前に、シャッファーがFw200を仕留めたのだと強く主張している。誰がどの機種でFw200を撃墜したのであるにしろ、P-39D型を装備していた第33戦闘飛行隊が欧州戦域における米陸軍航空隊の初戦果にかかわっていたことだけは確かである。皮肉なことに、ジョーゼフ・シャッファーは同飛行隊による別の、そして唯一となった戦果、1機のJu88を1942年10月18日にP-39Dで撃墜している。

　第342混成航空群がドイツ軍とはじめて交戦したのとほぼ時を同じくして、第54戦闘航空群と、第343戦闘航空群の一部をその傘下に収めている第28混成航空群がアリューシャンに侵攻した日本軍と遭遇していた。そして第342の戦闘機乗りが冷たい北大西洋であまり敵と交戦できなかったように、アラスカの同業者たちがアリューシャンの冷水上で終戦までに報じた撃墜戦果はちょうど30機に過ぎなかった。

　これら戦果の大半は、もともとアラスカの基地防衛に就いていたP-39によるものであった。そのエアラコブラ部隊は、日本軍によるアリューシャンへの

陽動侵攻に伴いアリューシャンに臨時移動し、連合軍が1943年の半ばにキスカとアッツを奪回すると、P－39部隊の大半は米大陸の基地へと帰還した。

　同戦域でもっとも活躍したエアラコブラ乗りの戦果ですら撃墜確実2機に過ぎなかったが、かれらの大半は南西太平洋の第49戦闘航空群に赴き、P－38のエースとなった。たとえば38機を落としたトム・マクガイア、6機のウォーレス・ジョーダン、22機のジェリー・ジョンスン、マクガイアが5カ月の服務期間中、アラスカのひどい寒さの中で不時着するなど、かれらはみな、1942年から43年にアリューシャンの第54戦闘航空群でP－39に乗っていた。

　この3人のうち、ジェリー・ジョンスンがアリューシャンではもっとも成功し、9月25日にはアダック、キスカ地区で二式水戦1機の撃墜を報じ(さらに不確実1機)[※4]、その6日後、同地区で戦闘機をもう1機撃墜した[※5]。妙なことに、ジョンスンの原隊であった第11航空軍はこれらの戦果報告に対して撃墜不確実しか公認しなかったが、第5航空軍の撃墜記録ではそれが撃墜確実になっていた。また、ジョンスンの部隊、第57戦闘飛行隊の文書にはどちらの戦果も記載されていない。

　これらの初戦果は、第57戦闘飛行隊がキスカおよびアッツの島々で、日本軍の潜水艦や、大型輸送船、そして多数の水上機を海上で捕えたときに報告された。これらの攻撃を阻止しようとした二式水戦のうち2機が撃墜され、さらにもう1機がジョンスンによって不確実撃墜を報じられ、後にP－38で20機、P－47で2機、さらにP－39でおそらく2機を落とすことになるかれの撃墜の嚆矢となった。

　次第に、アリューシャンにいた戦闘機乗りは1年ちょっとに期間を限って、もっと戦闘の激しい地域に移されるようになった。こうして世界最悪の天候のもと、いつ果てるともしれぬ哨戒任務に就いていた戦闘機乗りたちは、太平洋、地中海、そして欧州戦域へと移動し空戦に参加することとなった。

　パナマ運河地域は、もっと天候の良いところではあったが、空戦はアリューシャンよりも少なかった。第6航空軍は、1942年の初期から水門を潜水艦の攻撃から守っていた。ドイツの潜水艦を探り当てたことは何度かあったが、空戦は一度もなかった。運河地区の防空はP－39とP－40、そして後にはP－38が担うことになった。

　ともに名誉勲章を授与されていた未来のP－47エース、ニール・キャービーと、ビル・｢ディンギー｣・ダンハム、そして地中海でマスタングのエースとなるボブ・ゲハウゼンも運河地区にいた。戦闘機隊基地のいくつかはアルバ、プエルトリコにあり、パナマ自体にも分遣隊が派遣されていた。

　エースになる定めにあったもうひとりの操縦者(1944年、フィリピンの第V戦闘機集団のP－38で)ウィリアム・K・ジローは第30と、第32戦闘飛行隊でP－39に乗り、6カ月間をパナマで過ごしていた。1943年8月、ニューギニアで

アラスカ戦域での標準装備である防寒装備をつけて撮影された将来、P－38で大量撃墜を果たすことになるジェラルド・「ジェリー」・ジョンスン中尉。第57戦闘飛行隊に配属されていたジョンスンは臨時任務でアダック島に派遣され、そこで2機の戦闘機を落としたと主張しているが、公式には認められなかった。かれの獲物のうち少なくとも1機は、第57戦闘飛行隊が艦船を捜索中に遭遇したA6M2N二式水戦であった。(via Barbra Curtis)

第57戦闘飛行隊のアリューシャン作戦中にポーズをとるジェリー・ジョンスン(左)と、戦友のアート・ライス。ジョンスンとは違って、ライスは1942年9月28日、キスカ/アッツ方面で撃墜した二式水戦2機の戦果を公認されている。(via Cook)

1942年後半、アリューシャン上空を飛ぶ、ジェリー・ジョンスンのP-39D-1　41-38295。ここで戦っている間に、ジョンスンは空戦に熱中するあまり「はりきりジョニー」のニックネームを頂戴した。アリューシャンでは、空戦の機会は稀であったがジョンスンはP-39で空中戦闘の腕を磨き、後には太平洋でも有数の無敵戦闘機乗りになった。(via John Bruning)

空から奇襲される恐れもほとんどないパナマ運河地区では、戦前同様開けた場所で、第32戦闘飛行隊の地上勤務者がP-39N-5に給油をしている。こんな光景は太平洋や、地中海でも見られたが、地上勤務者は絶えず突然の空襲を警戒していなければならなかった。実際、敵機の行動圏内にあった飛行機は空襲による損害を最小限に抑えるため、分散して駐機されていた。(W K Giroux)

退屈な運河哨戒飛行に出る前に規則通りの飛行服で撮影された、第32戦闘飛行隊のウィリアム・「ケニー」・ジロー中尉。かれの乗機は迷彩されたP-39N-5で操縦席のドア(落下傘と救命胴衣が引っかけられている)に部隊マークをつけている。ジローは上官に本当の戦場に転属させてくれるよう絶え間なく陳情し、1943年、太平洋戦線に移った。(W K Giroux)

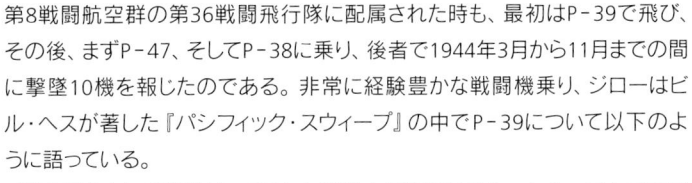

第8戦闘航空群の第36戦闘飛行隊に配属された時も、最初はP-39で飛び、その後、まずP-47に、そしてP-38に乗り、後者で1944年3月から11月までの間に撃墜10機を報じたのである。非常に経験豊かな戦闘機乗り、ジローはビル・ヘスが著した『パシフィック・スウィープ』の中でP-39について以下のように語っている。

「戦う機体として駄目だってことを実感する時間はなかったよ。パナマで飛ぶには適してたけど、ここでの任務は特別だったからね。P-39は実戦に使うには航続距離が足りなかったな、上昇力も良くないし、急降下も最高とはいえなかった。だから、僕らは地上掃射や、輸送機の短距離掩護とかつまらない作戦ばっかりさせられてた」

だが地中海戦域では話は違っており、参加したのは、敵船団の捜索や、戦闘哨戒でさほど見栄えのする作戦ではなかったが、P-39はよく働いた。ここで、エアラコブラの操縦者が報じた空中での戦果は非常に少なく、資料によって異なるが14機から20機の間に過ぎぬ一方、さまざまな原因から107機のP-39が失われている。米陸軍航空隊のP-40は地中海で553機を失ったものの、480機の撃墜戦果を報じている。

地中海戦域出身でエースとなったごく少数のうちのひとり、第154戦術偵察飛行隊のベン・エマート中尉は、1944年1月に第325戦闘航空群の第318戦闘飛行隊に転属し、マスタングとサンダーボルトで6機撃墜を報じている。

エマートはエアラコブラでは地中海で何の戦果を報じることもできなかったが、戦友のヒュー・ダウは1943年1月に英国から北アフリカに移動してきた

落下タンクを装着して、運河地区で離陸を待つ第32戦闘飛行隊の2機のP-39N-5。同飛行隊に所属することを示す印は、垂直安定板の頂部に塗られた白帯だけである。しっかりした三輪式の降着装置が荒れた地面でも機体を制御しやすいので、操縦者達は次第にP-39を評価するようになっていった。また尻から押される型式であるが故、地上滑走時に視界が良いこともかれらを喜ばせた。(W K Giroux)

第350戦闘航空群、第346戦闘飛行隊のP-39Lで人の為しえぬことをやってのけた。若年の中尉だったダウは、カセリーヌ峠上空の作戦で長いあいだ熱望していた空戦の機会を得た。2月15日の朝、テレプテ飛行場から文字通り対地攻撃のために離陸したかれは小隊長の僚機として飛び、眼下に爆発の炎が噴出しているのを見つけた。ダウは対地攻撃を終え上昇中のメッサーシュミットMe109戦闘機、数機を見つけ、小隊長につづいて何も気づいていない敵戦闘機の後方から追跡をはじめた。

2機のP-39の操縦者はたちまち追いつき2機のドイツ戦闘機を攻撃、両機を損傷させた。攻撃から離脱、周囲を見回したダウは飛行場から急離脱中の3機目を発見、なんとか射程まで接近して行った。かれの回想は以下の通りである。

「いつものように、最初の109への攻撃で37mm砲は撃てなくなっていた。操縦席の床の真ん中にT型のハンドルがあり、これに繋がるケーブルを引けば別の砲弾を薬室に送り込むことができた。わたしは敵機の後方に肉薄する機動をしようと思い、ぴったり後上方につけるまで発砲は控えようと決心していた。

「敵機は60から90mほどのところで揺れ動いており、突如降下した、とうとうわたしを見つけたに違いない。わたしもすぐ機首を下げ、敵機の後流で跳ね上げられつつ引き金を引き、発砲した。射撃は敵の機体全体を覆い、わたしはすぐ、動力を失った敵機を追い越してしまった。数秒後、わたしは出力を抑

次の出撃に備えて整備兵が、迷彩された第32戦闘飛行隊のP-39N-5の操縦席を清掃中。1942年から1943年にかけて、この地域にいた同機の操縦者、リチャード・ソウドウ中尉が作業を間近で見ている。出入りしやすい車式のドアも、エアラコブラの操縦者が同機に惚れ込む要因のひとつであった。逆に、前方に開くこのドアは緊急時に不都合だと考える操縦者もいた。(W K Giroux)

1943年初期、次の運河哨戒飛行に備えて、第32戦闘飛行隊のP-39N-5、3機に給油する燃料給油車。(W K Giroux)

え、横転し敵機の様子を窺った。敵は地上で煙と土煙の塊となっていた」
　ダウは撃墜したドイツ人操縦者、第77戦闘航空団、第3飛行隊のカール・ラインバッハー軍曹が墜落から生き延び、フランス軍に摑まったことを聞き、嬉しく思った。米軍は尋問のために必要だと説得し、フランス軍からその捕虜の身柄を引き渡してもらった。ラインバッハーは勝者を紹介されると、敬意をもって敬礼した。
　1944年4月までに、第350戦闘航空群は米陸軍航空隊でP-39を装備する最後の部隊のひとつとなっており、その月の6日、ヒュー・ダウは実際、米軍のエアラコブラによる最後の撃墜戦果を報じた。イタリアのグロッセット南方の河に架かる鉄道と道路に対する攻撃に向かう小隊を率いてかれは目標に爆弾を投じ引き起こした時、前方左に1機のMe109を発見した。仇敵同士はただちに旋回し、互いに対進攻撃の態勢に入った。
　1943年2月に初戦果を報じて後、ダウは捕獲されたメッサーシュミット戦闘機で試験飛行したことがあり、十分に低空なら敵機の内側に回り込めることを知っていた。命にかかわる賭であったが、一回の旋回で109の90度内側へと回り込むことができた。かれは正しかったのである。急旋回の長い飛行機雲を曳きながらドイツ人はP-39に追随しようとしていたが、ダウは易々と至近に迫り、最低限の見越し角度から敵機に発砲した。しかし、対地攻撃を行った後だったので、機関砲弾は撃ち尽くされており、他の弾薬も乏しかった。
　かれはまず12.7mm弾がなくなるまで撃ちまくり、次いで、もはや進退窮まった敵機に主翼の7.62mm4挺による銃弾を浴びせかけた。109はとうとう発火、機首を上げ失速したがダウは後方に食らいついたまま撃ちつづけた。敵機はもはや火だるまとなり、ドイツ人操縦者は勇を奮って弾幕の中、低空で脱出、かれの109はP-39が爆撃したばかりの橋に墜落した。
　2機の確実撃墜戦果を公認されたヒュー・ダウは地中海戦域では最高の戦果をあげたP-39操縦者のひとりとなり、P-47に機種改変後も第347戦闘飛行隊に留まったが、かれの長い戦歴は1945年1月、撃墜され捕虜になったことで終止符を打たれた。おそらく、この1944年4月6日の戦果が、米陸軍航空隊のP-39による最後の戦果であろう。第350戦闘航空群は（空戦では）1機も失わずドイツ戦闘機5機を撃墜したのである。
　前述したように地中海戦域では、あらゆる原因によって107機のP-39が失われたが、その大半は地上砲火による損害であった。一方、資料によれば、最大限20機を空中で、また同数を地上で破壊したと報じている。米陸軍航空隊のP-40は約500機を空中と地上で破壊したと報じているが、550機を失っている。

1943年春、第346戦闘飛行隊のP-39L-1の操縦席横でポーズするヒュー・ダウ中尉。

ヒュー・ダウは地中海での長い戦闘服務中にMe109、2機の撃墜を報じているが、かれが最初に落としたのは第77戦闘航空団、第3飛行隊のカール・ラインバッハー軍曹機（左から2人目）であった。

1942年後半から1944年の中頃まで地中海戦域で活躍していたにもかかわらず、同戦域のエアラコブラの写真は少ない。このP-39N-0は、地中海で短期間使われていた黄色縁付きの国籍標識をまとっている。(Howard Levy via Jerry Scutts)

1943年初期、基地から舞い上がった無名のP-39N-2、2機。(Howard Levy via Jerry Scutts)

　P-39の出撃回数はP-40の半分であったが、損害率は約0.4パーセントであった。みなが大好きだったP-40の損害率は0.8パーセント、しかしもっとずっと御しやすい敵は士気の高い米戦闘機乗りの手の中に残ったのである。

　太平洋と地中海では活躍しなかったとはいえ、終戦までP-39は重要な働きをした。せいぜい大戦後半に次の世代の米新型戦闘機が出現するまでのつなぎであったと嘲られているかもしれないが、ベル戦闘機も相応の戦意と技量をもった操縦者に操られた時には立派に仕事を果たすよう作られていたのである。本書の後半で、それが証明されることになる。

訳注
※4：この日、日本側では海軍第5航空隊の二式水戦1機（森川虎雄2飛曹機）が未帰還となっている。また、山田九七郎大尉が撃墜1機を報じている。
※5：この日、日本側に被害の記録はない。

1943年秋、自分のP-39の主翼でポーズする第81戦闘航空群、第93戦闘飛行隊の操縦者、アレクザンダー・ヤンカスカス中尉。この写真は北アフリカ戦役が終了した日に撮影されたが、かれの撃墜マークは実際にはカギ十字ひとつである。米陸軍航空隊に残るかれの唯一の公認撃墜は、1943年6月24日に報じられたMe210である。(via Carl Molesworth)

# chapter 5
# ソ連邦のコブラ
Soviet KOBRAS

　太平洋でP-39が気に入っていたのは、遭遇しても御しやすいと喜んでいた日本の戦闘機乗りだけだったとはいえ、エアラコブラは他の戦場ではもっと危険な交戦相手であることを証明していた。実際、ソ連の操縦者たちは、ドイツのエース、ヴァルター・ノヴォトニー[※6]が回想するように、無敵のフォッケウルフFw190との対決ですら勝利を収めている。

「この地区には、ソ連の飛行場が散在していたので、これまでは良い狩り場であった。我々は今日、良くも悪くも長くは待たなかった。前方左、遠方の靄のなかから、いくつかの小さな点が浮かび上がった。それはたちまち大きくなり、20機からなるソ連地上攻撃の群であることがすぐにわかった。やや遅れて、掩護に飛んでいる米軍の米国製戦闘機（P-39）6機も発見された。

「我々は高度約1000mを飛んでいた、ソ連機は200mほど下方で、護衛戦闘機は1200mにいた。わたしはただちに上空の連中に向かって上昇。太陽は南西にあった。米国機の上方に出た。かれらは何も気づいていない。わたしは1機を照準に捉え、発砲、敵機はすぐ燃えながら急降下して行った。驚いた残り5機は右に旋回し遠ざかって行った。わたしは目的を達した。今や敵戦闘機は地上攻撃機から500、600mも離れてしまい、私の部下の攻撃を邪魔することはできなくなった。

「わたしが別の戦闘機もう1機を狙っていると、他の敵が後方に回り込もうとしてきた。最後には良い射撃位置を占めようとしていたわたしも含めて円を描いて飛ぶことになった。みな、だんだん高度を失っていった。わたしはほとんど撃つことができず、後ろにいた敵機、1機か2機は、かなり遠方からであったが撃ちまくっていた。わたしが2機目を照準に捉えた時、高度は地上からおよそ50mだった。敵機は火ダルマとなって大地に突っ込んで行った。

「わたしは肩越しに振り返った。空戦は嫌な展開になっていた。8機のソ連戦闘機が出現し、戦闘に加わろうとしていたのだ！　わたしは1機の米国機の後

この機体は、1942年1月、ソ連邦に送られ第19親衛戦闘機連隊に配備された最初のエアラコブラIの1機である。まだ英空軍のシリアルAN619を着けたまま、1942年に戦闘で失われるまで、V・V・ガブリニェツ少尉が乗っていた。（via Petrov）

方に占位していた。わたしの後ろにはソ連機がいる。一瞥しただけで、敵がだんだん距離を詰めてきていることが確信できた。

「突如、主翼の右側に一列の弾痕が穿たれた。ソ連機は全火器を放っているのだ。射撃は止みそうにない。機関砲弾が1発、主翼を強打した。イワーンはだんだん近づいてくる。もう衝突寸前だ。いつ振り返っても、視界いっぱいにソ連機が見える。銃弾が主翼を叩きつづけていた。弾着は操縦席に近づきつつある。

「決断の時だ。最後のチャンスに賭け、思い切って速度を落とした。わたしはこれまでの多くの格闘戦で得た持てる技量のすべてを使い、機体を安定させたまま速度を落とし、危険なまでに低空に沈み込ませた。

「45m前方には米国機、10mちょっと後方にはロシア人がいた。追跡されているあいだ中ずっとわたしは追っ手が放つ射弾から身をかわすために機体を右に滑らしていた。わたしは最後に同じ機動を試みた。イワーンはこれにだまされた。わたしは数分の1秒間、右側にのたうち、失速寸前になり、敵機は集中力を乱された。その機動を終える前に、もう2発の機関砲弾を受けたが、敵機はわたしを追い越し、一瞬、主翼の下を抜けて行くのが見えた。

「敵機は、前方に出た。機内の操縦者と、ソ連の赤い星がはっきり見える。スロットルを叩き込む、全速！　もはや傷だらけだったが、忠実なフォッケウルフがやってのけることを願った。敵機は一連射で墜落、一瞬のうちにわたしはソ連機の頭上を抜けた。対決は終わった。空戦はちょうど45分間つづいた。首尾良く着陸し、わたしは汗まみれで機体から降りた。わたしは黙って、どのくらいやられたのか調べてみた。思ったよりひどかった。方向舵は半分吹き飛ばされ、補助翼のひとつは射撃で粉砕されていた。主脚のタイヤには銃弾の穴があり、エンジンシリンダーひとつと、シリンダーヘッドひとつが完全に撃ち飛ばされていた。エンジンには他にも傷があり、主翼は穴だらけだった」

この戦闘はノヴォトニーの勝利に終わったが、これらの撃墜はひとえにかれの技量の賜であり、飛行機の性能差によるものではなかった。他のおおくの戦いの場合、相手がドイツの錚々たる「エクスペルテン」であった場合でも、ロシアのP-39は有利であった。

## 実戦配備
### into action

P-39が南太平洋で実戦に加入した2週間後、同機のソ連戦線での栄光が幕を開けた。おもしろいことに、ロシア人が「コブラ」と呼んでいた同機は当初、南北の二戦級の戦線に配備され、後になってやっと主戦線であった中央戦線に送られた。P-39はロシアの至る所で戦うことはできなかったが、ソ連の上位エースたちは戦争が後半に向かい、より近代的な戦闘機が出現しても、それとP-39と取り替えることには難色を示した。

ソ連空軍が壊滅的な打撃を受けた開戦から数週間後、英国首相ウィンストン・チャーチルは共産主義者たちを敗北から救うため戦闘機を送ることをただちに命じた。1941年の中盤、英空軍は十分な数のスピットファイアをもっていなかったので、実際ロシアに送れる余剰分はなく、7月の暮れ、最初にムルマンスク経由で届きはじめた援助は使い古しのハリケーンであった。

英空軍は、（米国から）武器貸与法によって供与されていたトマホークおよび、キティホーク同様、まだ合衆国に送り返していなかった分のエアラコブラI

型なら余っているとし、1941年12月には最初のベル戦闘機がムルマンスクに積み出され、1942年にはそれはさらに追加された。英国は212機のエアラコブラⅠ型をムルマンスクを経る北方ルートで送り出し、うち54機が輸送中に失われた。

最初に到着したエアラコブラ20機は、1941年10月、武器貸与法によって供与された戦闘機への慣熟訓練を行うという目的で、モスクワの北東にあるイワノヴォで編成された第22予備飛行連隊に配備され、うち1機は研究調査のため空軍科学調査部へ送られた。

ソ連の飛行連隊は前線で航空機を消耗し尽くすまで前線に留まり、生き残った操縦者は後方の予備飛行連隊に転属、そこで新しい機体と、代替要員を受領し、ふたたび次の前線での服務期間が巡ってくるまで過すというのが、当時の慣例であった。第22予備飛行連隊は3個飛行隊からなり、それぞれハリケーン、エアラコブラ、キティホークを装備していた。後には同様の任務を授けられた第14予備飛行連隊とともに、第6飛行旅団を構成することになった。

1942年11月、カフカス戦線にいた第25予備飛行連隊は、ペルシャ湾回廊を経てもたらされた武器貸与法による新しいベル戦闘機、P-39DおよびK型を受領した。そのちょうど1年後、第26予備飛行連隊が創設され、P-39M、N、そしてQ型が配備された。

国産の機体を配備されていた予備飛行連隊に対して、武器貸与法による飛行機をあてがわれた第22予備飛行連隊は、飛ばす前にまず機体自体を組み立てなくてはならなかった。エアラコブラは当初、たいした文書資料もつけずに送られ、しかもそれがすべて英語で書かれていたうえ、組立作業は膨大で、まったく容易な作業ではなく、試行錯誤しながら飛ばしていた。

初期のP-39部隊の特色は、北方でエアラコブラⅠ型を飛ばして部隊も、カフカスでP-39DもしくはK型を飛ばしていた部隊も、純粋な「コブラ」連隊ではなかったということである。実際、1942年にベル戦闘機を受領していたいくつかの部隊は同時にP-40の飛行隊1個をもっており、その結果、それらの連隊はエアラコブラの飛行隊ふたつとキティホークの飛行隊1個を同時に運用していたということになる。この組み合わせによって、混成部隊に独自の戦術的有効性があったわけでもなく、実際、ソ連空軍も管理上も整備保守のうえでも余分な面倒を生じさせることは望んでいなかった。全土に配備されてはいなかったが、P-39に対する要望は高かった。

コブラとキティホークが十分に供給されるようになった1943年から飛行連隊は各機種ごとに編成されるようになり、P-39はもっとも優秀な部隊に優先的に配備されるという信望を得ていた。戦闘機連隊の訓練と再装備は1942年の4月から開始され、第153と、第185戦闘機連隊が1942年6月の末までにエアラコブラを以て前線に復帰した。しかし第19親衛戦闘機連隊は、その頃までにもうベル戦闘機で戦っていた。

第145戦闘機連隊は、1940年1月にカレリヤで編成され、フィンランドとの「冬戦争」に参加、5機を失う一方、5機撃墜の戦果を報告しているが、ソ連はこの戦いでひどい過大戦果を報じていたので、本当に第145戦闘機連隊が落としたのは、皆無あるいはせいぜい2機であろう。1941年6月、ドイツが侵攻を開始したとき、同戦闘機連隊はⅠ-16を装備して極北のヴァエンガに配置されており、いた場所のおかげで最初の奇襲攻撃での壊滅は免れることができた。

その後、当初はⅠ-16で飛んでいた第145戦闘機連隊は、ミグ3、ラグ3、ハ

リケーンと装備機を変え、1942年3月7日には第19親衛戦闘機連隊の称号を得た。4月、改称された連隊はしばし前線を離れ、新型機を受領するためにアフリカンダ飛行場に移動した。予備飛行連隊には行かず、同連隊は鉄道貨車から直接、梱包された飛行機を受け取り、連隊の技術要員たちは北極圏の厳しい環境のもとでそれを開き、まずは組立作業にかからなくてはならなかった。連隊の第1飛行隊長、パーヴェル・クタコフ大尉による最初のエアラコブラ1機の試験飛行が行われたのは4月19日であった。

　ロシアの戦闘機乗りは当初、不慣れな三輪式降着装置に戸惑ったものの、すぐにそれが地上での機体操作と、滑走時の前方視界を劇的に向上させていることを理解した。またコブラは、滑走路が雪に覆われている時、他のどの戦闘機よりも地上滑走しやすかった。ひとたび舞い上がれば、コブラはこれまで連隊がもっていたどの戦闘機よりも高速で、上昇力も優れ、全周が見やすい風防は空中で有利であると同時に、西欧の風防の透明度は比類なきものだった[※7]。

　またこれまで飛ばしていた戦闘機に比べて、コブラの操縦席は広く、北極圏に近い地域で使っても暖かく、快適であった。共産主義操縦者たちをもっと喜ばせたのは全機に搭載されている無線機の優秀性だった。当時、もっと旧式のソ連戦闘機の大半はまったく無線機を積んでいなかったし、新型機の無線も適切なものではなかった。実際、ミグ、ラグ、ヤク戦闘機のほとんどは受信機だけを搭載し、送受信機を積んでいたのは編隊長機だけだった。しかもどちらの無線機も完全に作動することは滅多になかった。

　ソ連空軍が長年使ってきた時代遅れの戦術は、無線交信能力の欠如に適合したものであった。全P-39に送受信機が装備されたことによって、さらに複雑で間隔の広い編隊を用いた戦術の導入が可能となった。これによって、新人操縦者でも敵機を発見した場合に戦友に警告を発することができるようになり、指揮官は飛行中、編隊とその戦術を改善できるようになった。エアラコブラ部隊に配属された操縦者は、完璧ではないにせよ、画期的な戦術を編み出す機会に接したのである。

　武装に関してはソ連操縦者の間でも賛否両論があった。かれらは20mm機関砲は歓迎したが、英国製の7.62mm機銃は小口径過ぎ、ドイツ機の塗装を剥がすのにちょうどいいと不平を述べている。この程度の火力を失うよりは軽くした方がいいと、操縦者はしばしば7.62mm機銃を撤去してしまっていた。

　ロシア人はその後受け取った37mm機関砲搭載のP-39はもっと歓迎し、12.7mm機関銃も無難に受け入れていた。実際、機関砲1門と、大口径の機関銃2挺というのは、ソ連の国産戦闘機の標準的な武装と同等であった。そのせいか、ロシア人はその後届いたP-39の主翼のゴンドラに増備されていた機銃は撤去してしまった。

　ロシアでは、P-39の垂直面での運動性が(少なくともかれらがよく戦う高度では)非常に良いと評価されており、またコブラの水平面での旋回性能もドイツ機よりは優れているとされていた。だが、P-39系列にもいくつかの難点があった。

　問題の大半は、着陸時、そして空戦時にも不安定になりがちなP-39のアリソンV-170エンジンにあり(P-40でも同様の問題が起こっていた)、ロシアの航空技術への未熟さがさらにその問題を悪化させていた。オイルも飛行後、エンジンの中にたまる傾向があり、それは冬の酷寒のなかで堅く凍りついた。

P-39に乗り込む氏名不詳のソ連飛行士。エアラコブラの自動車式ドアは脱出に際しては危険であったが、透明度の高い風防の操縦室はロシア人に温かく歓迎された。それに比べて、国産戦闘機のセルロースを主成分とするお粗末な風防の透明度は終戦までそのままだった。これは太陽光線などの影響で黄ばみやすく、すぐに完全な透明ではなくなってしまった。このため、さらにソ連のスライド式風防の機能不全も作用して、飛行機の性能も落ちるし、乗り心地も悪くなるのに、ソ連の操縦者はしばしば風防を開けたまま、あるいは完全に撤去して飛んでいた。
(via Russian Aviation Research Trust)

また別の致命的な問題は機関砲の主シャフトが割れることで、これはオイルパンを貫き、重要な操縦索を切断した。だが、これらの技術的な欠陥は次第に解決されていった。後期型のエンジンはアリソン社の工場で改善された。

ロシア人は、この飛行機が（運動性に優れた戦闘機ならではの）水平錐り揉みに陥りやすいということをすぐに見抜いた。この問題を技術的に解決することは不可能で、操縦者がどうすればこれを回避できるか学ぶしかなかった。

P-39、最後の大きな欠点は操縦者が脱出を試みたときに露呈する。米国人が実戦参加から数週間で気づいたように、同機の横開き扉から外に出るのはたいへん危険だった。あまりにも多くのソ連操縦者が、操縦席から跳ぶ際に水平安定板に衝突して死ぬか負傷した。高位のエース、ニコラーイ・イスクリンと、ボリース・グリーンカもその結果負傷し、後者は鎖骨と両足を骨折し、かれが部隊に復帰できたのは終戦まであと10カ月という時だった。操縦者たちは脱出は最後の手段だったと語っている。しかし、P-39の流線型の機首と低い位置に装着された主翼は胴体着陸に理想的な形だったので、コブラでの胴体着陸でしくじる者はいないともいわれている。

1942年5月15日、G・A・リーフシュナイダー少佐が率いる第19親衛戦闘機連隊（操縦者22名、エアラコブラI型16機、P-40E型10機）は、ションギーの前線へ戻り、第3飛行隊の追加に補強された。同部隊がはじめて出撃した晩、エアラコブラは作戦中、タルプ・イェーヴル湖付近で12機のMe109（メッサーシュミットBf109戦闘機）と、8機のMe110（メッサーシュミットBf110駆逐機）に遭遇した。クタコフ大尉と、ボハコフ上級中尉はそれぞれ1機撃墜を報じ、ロシアのコブラによる初戦果を記録した。

この写真は従来、第19親衛戦闘機連隊のイワーン・ボチコーフとかれの乗機とされてきたが、16という番号をつけた本機が事実ソ連邦英雄の機体であるかどうかは疑わしい。実際、同機は第19親衛戦闘機連隊の戦友で、この写真の操縦者に似たエフィーム・クリヴォシェーエフが常用していた。加えて、両人ともに大祖国戦争の比較的初期に戦死してしまっているので、写真は各1枚ずつしかなく、この操縦者が本当は誰であるか確認しようがないのである。
(via Petrov)

翌日、ボハコフはふたたび戦果を記録したが、この5月16日には、イワーン・ガイダエンコ上級中尉のエアラコブラI型AH660が森に不時着、連隊は初めての損害をもこうむった。この不時着で、飛行機自体は完全に破壊されたが、操縦者は機体のしっかりとした造りのおかげで、無傷のまま残骸から這い出してきた。

コブラによる最初の大勝利は、6月15日、16機のMe110に掩護されムルマンスクに向かう6機のJu88を邀撃した際に報じられた。ドイツ機9機の撃墜が報じられる一方、損害は皆無、イワーン・ボハコフはMe110とJu88各1機の撃墜を公認された。

ボハコフは12月10日、6機のコブラを率いて、18機のJu87と、12機のMe109に遭遇するまでふたたび戦果を報じることはできなかった。ソ連軍は常に、爆撃機編隊の指揮官機に攻撃を集中するよう求めていたため、ボハコフは戦闘機を無視し、部下を率いてJu87への対進攻撃を行った。最初の攻撃で指揮官機を含む2機のシュトゥーカを撃墜し、編隊は掩護戦闘機によって攻撃が妨げられる前に散り散りになってしまっていた。短時間の旋回戦闘でさらに3機の撃墜が報じられ、P-39は1機も失わずに戦闘を終えた。ボハコフは撃墜1機を報じた。

ボハコフはソ連邦英雄に指名される1943年2月までに、308回出撃し、個人で7機、協同で32機の撃墜を報じていた。

4月4日、第350回目の出撃でボハコフとかれの僚機は6機のMe109と交戦した。僚機はすぐにひどくやられたが、ボハコフの奮戦で戦友は逃れることができた。エース、ボハコフは8機目の戦果を報じた後に撃墜されて戦死した。

話は7カ月前に遡る。1942年9月9日、第19親衛戦闘機連隊のエフィム・クリヴォシーフ上級中尉もP-39による最初の「タラーン」(体当たり)攻撃を実施して勇敢さを示した。この種の行為は、操縦者が弾薬を撃ち尽くした時、故意に行われるのが普通だった。典型的なタラーン攻撃はプロペラ、または翼端を敵機の動翼に当てて操縦不能にしようとするものであったが、まともに衝突してしまうことも多かった。

これまでに個人で5機、協同で15機の撃墜を報じているクリヴォシーフの場合は、Me109を1機撃墜した後、クターコフ大尉が別のドイツ戦闘機に襲われようとしているのを発見。弾薬を撃ち尽くしていたクリヴォシーフはそのドイツ戦闘機に体当たりして戦死、死後「死を賭して戦友を守った功績に対し」ソ連邦英雄の称号を追贈された。

クターコフは第19親衛戦闘機連隊の指揮官、大佐として終戦を迎えた。かれは367回出撃、空戦79回、そして個人13機、協同28機の撃墜を報じている(ソ連の歴史家がドイツ軍の損害記録と照合した結果、個人撃墜は5機しか確認できなかった)。1969年、かれはソ連空軍総司令官となり、その後15年間にわたって在任していた。

ここにあげる第19親衛戦闘機連隊のもうひとりは、ちょうど最初のP-39I型を受領した5月から訓練に参加したグリゴーリイ・デミトリュークである。かれは当初、キティホークで飛んでいたが、後にエアラコブラに乗り換えたのである。1944年11月までにかれは大尉に進級し、連隊のいち飛行隊の指揮を任されていた。終戦までに、かれは206回出撃、空戦37回、撃墜18機を報じて、ソ連邦英雄となった。デミトリュークは1952年から53年、朝鮮でちょうど5機の撃墜を報じ、ミグ15でもエースの地位を獲得した。

1943年中頃から終戦まで北部戦線でP-39を飛ばしていたのは、まず第20親衛戦闘機連隊(第19親衛戦闘機連隊と並んでカレリヤで戦っていた)、さらに北部艦隊航空隊の5個戦闘機連隊と、レニングラード軍管区の第102と、第103親衛戦闘機連隊と、フィンランド南部を飛んでいた第191戦闘機連隊であった。

この付近ではあまり劇的な戦闘がなかったため、敵戦闘機よりもはる

P-39Dの操縦席へと乗り込もうとするポーズをとる北海艦隊航空隊、第2親衛戦闘機連隊のパーヴェル・クリーモフ。かれの連隊は有名なボリース・サフォーノフが指揮をとっていたことと、ソ連空軍で初めてハリケーンとP-40を以て実戦に臨んだことで知られている。パーヴェル・クリーモフは1943年8月にソ連邦英雄となり、その時までに306回出撃、個人で11機、協同で16機の撃墜戦果を報じていた。かれの戦果の一部はハリケーンに乗っている時に報じたものであった。(via Petrov)

氏名不詳の操縦者達は、その制服から艦隊航空隊の所属とわかる。またP-39のドアに描かれている鷲から、同機がパーヴェル・クリーモフ機であることがわかる。もしかすると、彼らの中に、クリーモフ本人が混じっているのかも知れない。(via Petrov)

かに危険な悪天候のもとで戦っていたにもかかわらず、これらの部隊が賞賛の対象とされることはなかった。

訳注
※6：ノヴォトニーについては本シリーズ第9巻『ロシア戦線のフォッケウルフFw190エース』を参照。
※7：当時、ソ連機の風防ガラスは「ウォッカ瓶の底から覗いているような視界だ」と揶揄されるほどの代物だった。

# chapter 6
# P-39D、カフカスでの栄光
P-39D shines in the Caucasus

この操縦者の素性を確かめることはできなかったが、P-39Dに描かれた16個の星からかれがエースであることは推察できる。左側に描かれた機影は、かれが敵機を1機、強制着陸させて捕獲したことを示しているのだろうか。(via Petrov)

英国人ならバトル・オブ・ブリテンでのスピットファイアのように、あるいは米国人にすればミッドウェイ海戦とワイルドキャットのように、ロシア人の場合、1943年春のクバン（クバーニ）の戦いとエアラコブラを切り離すことはできない。エーリヒ・フォン・マンシュタインの春季攻勢と、クルスクの戦いの陰でかすんではいるが、ブルー・ラインとクバンの上空ではドイツ空軍と、ソ連空軍の最精鋭が鎬を削っていたのである。そして、ソ連の最精鋭といえば主に、後日、第9親衛戦闘機師団となりエース多数を輩出することになる第216戦闘機師団に属するエアラコブラ部隊であった。

師団にはP-39D-2が配備されていた。同機は、イランを経由する南ルートから到着し、ソ連領内カフカス北部で飛んでいた各連隊が受領したのである。非常な遠距離であるにもかかわらずイラン経由が選択されたのは、ムルマンスクへ、エアラコブラⅤ型を送っていた北極海の船団が大

1943年中期に撮影された氏名不詳のP-39操縦者。次の作戦の打ち合わせをするエースとその僚機の操縦者だろうか？（via Petrov）

損害を受けていたからである。

　イランには航空機を受領して組み立てる施設を建設する必要があり、そこからソ連へと機体は空輸された。最初のハリケーン、キティホーク、そしてボストンが到着し始めたのは1942年6月、9月にP-39Dがつづいた。機体はまずアバダンの港で陸揚げされ組み立てられ、アゼルバイジャンへ飛び、そこで第25予備飛行連隊が受領した。

　最初の3個部隊は第25予備飛行連隊で訓練され、最終的には第9親衛戦闘機師団の麾下に入った。同師団は終戦までに1147機の撃墜戦果を報じ、31人のソ連邦英雄を輩出し、しかもうち3人は2回英雄となり、3回にわたってその栄誉を受けた者も1名いる無敵師団として知られるようになった。第298戦闘機連隊が師団で最初にP-39Dを受領、第45戦闘機連隊と、第16親衛戦闘機連隊がそれにつづいた。

　第298戦闘機連隊は当初、南部戦線でI-153と、I-16、次いでYak-1を以て戦っていた。1943年1月、連隊は前線から撤退、再編成を行うことになり、補充の操縦者と新しい機体を受領するとともに、3個目の飛行隊を追加されることになった。同部隊は20mm機関砲を備えた21機のP-39D-2と、37mm機関砲装備を誇る11機のP-39K-1を受け取った。後者は連隊長、連隊航法士、空中射撃主任と副官、3名の飛行隊指揮官、連隊と飛行隊の各副官、そして政治将校の乗機とされた。

　イワーン・タラネンコ中佐率いるこの部隊は、1943年3月17日、コレノフスカヤ飛行場に展開し、Pe-2の掩護任務につくため第219爆撃機師団の指揮下に入った。第298戦闘機連隊は到着早々、最初の戦闘出撃を行い、3月19日にはベリャコフ軍曹のP-39D-1 41-38444が撃墜され、軍曹は戦死するという初損失をこうむった。

　3月17日から8月20日までのあいだ、連隊はクバンと、ブルーラインの上空でドイツ空軍第8航空軍団と戦争中もっとも苛酷な戦いを交えた。この5カ月のあいだに、連隊は1625回出撃、111回空戦を交え、167機の撃墜と29機の撃破を報じた。損害は30機が撃墜され、11機が大がかりな修理が必要になるほど損傷したというものであった。

　この戦歴によって、第298戦闘機連隊は、1943年8月25日、第104親衛戦闘機連隊に改称する栄誉を授けられ、精鋭師団として第16親衛戦闘機連隊を中心に編成された第9親衛戦闘機師団の麾下に入った。その指揮官、イワー

ン・タラネンコ中佐はこの期間中に個人で4機、協同で4機の撃墜を報じ、7月の中旬には大佐に進級、ヤクを装備していた第294戦闘機師団の指揮官に任命された。9月2日、第294戦闘機師団での指揮ぶりを評価され、ソ連邦英雄となったタラネンコは終戦までに、個人16機、協同4機の撃墜戦果を報じた。

　タラネンコの後継者、ウラディーミル・セメニーシン少佐がはじめて戦ったのは1939年のフィンランドであった。かれは1941年6月から、クバン上空で重傷を負い、かろうじて基地に帰還した1942年5月11日まで第131戦闘機連隊でI-16を飛ばしていた。かれが全快するまでには何カ月もかかった。飛行に復帰できると宣告されると、かれは第25予備飛行連隊に、次いで第298戦闘機に連隊航法士として配属され、同時に少佐に進級した。

　1943年5月までにセメニーシンは136回出撃、空戦29回、個人8機、協同7機の撃墜戦果を報じた。その月の24日、かれはソ連邦英雄として叙勲され、3日後には2回の出撃で4機撃墜を報じ、それを祝った。7月18日、かれはI・A・タラネンコ中佐の後継として、連隊指揮官に昇進、すぐ中佐にも進級した。セメニーシンは戦術家と、指導教官としての才覚をともに持つ指揮官として人気があった。

　ウラディーミル・セメニーシンが第104親衛戦闘機連隊の指揮官として在職したのは1943年9月29日までであった。この日、かれは9機のP-39を率いていたが悪天候のため前線付近で散り散りになってしまった。セメニーシンと、かれと僚機2機は、9機のMe109に奇襲され反撃に移る前に1機が撃墜されてしまうまで飛びつづけていた。かれは旋回して敵機に向かい、猛烈な戦いを挑み、撃墜され戦死するまでにドイツ戦闘機3機を撃墜した。セメニーシンの最終戦果は出撃300回以上、個人での撃墜23機、協同13機であった。

　第298戦闘飛行隊のもうひとりの傑出した操縦者、ミハイール・コメリコーフは開戦から、負傷した1941年10月まで戦いつづけていた。退院すると、かれは前線に復帰せず、第25予備飛行連隊に配属されて教官を務めた。そこでの勤務中、1942年の後半P-39に移行するまで、当初はミグ3とラグ3で、かれは171名の戦闘機乗りを教育した。

　前線行きを熱望して、1943年3月には、かれ自身が補充の操縦者として第298戦闘機連隊に赴いた。連隊はすぐにかれの着任を天恵と思うようになった。コメリコーフは4月16日、3回の出撃で撃墜3機を報じ、クバンの戦いが終わるまでに撃墜合計15機を報じたのである。大尉に進級して飛行隊指揮官に任命されたコメリコーフは、終戦までには少佐に進級し、連隊の副官となっていた。321回の出撃を果たし、空戦75回を交え、個人32機、協同7機の撃墜戦果を報じたコメリコーフは1945年6月27日、ソ連邦英雄となった。

　第298戦闘機連隊の古参操縦者のひとり、ワシーリイ・ドライギンは1942年4月、第4戦闘機連隊から同連隊に移ってきた。退却戦のなかで生き残り、わずかな連隊生え抜きの操縦者とともにP-39への改変訓練を受け、1943年に前線に復帰した。ブルーライン上空でのドライギンの活躍は目覚ましく、そこでかれは個人10機、協同5機の撃墜戦果を報じた。

　戦果のうち2機を報じた5月2日の空戦で、かれはセメニーシン少佐の4機編隊の一員として飛んでいた。戦闘機の掩護を受けた1ダースのJu87に遭遇したドライギンと僚機は急降下爆撃機の後方に回り、それぞれ2機と1機を撃墜したのである。次いで、爆撃機への攻撃を中断し、かれは掩護戦闘機の来援を掣肘していたセメニーシン少佐機の扶援に急行した。対決の結果、ドラ

イギンは炎上する戦闘機から脱出することになったが、その翌日には大空に復帰した。実際、セメニーシン少佐を助けたこの事件から24時間以内に、かれはもうひとりのソ連操縦者と協同で、1機のMe109をソ連飛行場に強制着陸させたのである。

　ドライギンは1943年5月24日、261回の出撃を果たし、40回にわたってドイツ空軍機と戦い、ソ連邦英雄の称号を得た。かれはすでに個人で12機、さらに協同で5機を撃墜していたが、戦果拡大は終了とはほど遠く、6月7日には1日で3機のMe109の撃墜を報じ、終戦時の最終戦果は20機に達した。

　もうひとりの古強者、コンスタンティーン・ヴィシネフツキイは1941年、第298戦闘機連隊で開戦を迎えた。1939年9月、ポーランド東部への侵攻では空戦の機会がなかった。1941年6月、上級中尉となっていたヴィシネフツキイはすでに第298戦闘機連隊の基幹操縦者のひとりであり、1941年、42年の戦いを生き延び、P-39への改変訓練を受けた。かれは1943年9月までに123回出撃し、個人10機、協同13機の撃墜戦果を報じた。

　ヴィシネフツキイは、この時期、ブルーライン上空の空戦で重傷を負い、おびただしい出血にもかかわらず、かろうじて基地に戻ってきた。1943年8月24日、かれはソ連邦英雄となり、その後、間もなく少佐に進級した。翌月、ヴィシネフツキイはモロハナヤ河上空の格闘戦で2機撃墜を報じたが、その空戦では自らも傷つき帰途についた。右腕の負傷はひどく機能の一部が損なわれたため、かれは飛行任務から外されることになってしまった。ヴィシネフツキイは、その時までに出撃200回、個人20機、協同15機の撃墜戦果を報じている。かれは1944年7月30日、交通事故で死亡した。

　P-39Dに機種を改変した2番目の連隊、第45戦闘機連隊は1942年の初頭から、エースとしては末席を汚すにすぎないが、ソ連空軍でも屈指の指揮官であるイブラギン・マゴメートヴィッチ・ズーゾフ中佐のもとクリミアと、カフカス北部を股に掛けて戦っていた。1905年に、オセチア人(カフカスのイスラム系少数民族)として生まれたかれは15歳の誕生日を迎えた時にはすでに赤軍の一員として、中央アジアのバスマチで反革命軍と戦っていた。

　1929年、ズーゾフは飛行学校を修了し、ソ連空軍に身を投じた。1942年1

詳細不明の親衛戦闘機連隊のP-39D。機首に描かれた番号とドアの親衛パッチから、本機が第9親衛戦闘機師団傘下の連隊の所属機でないことはわかるが、本機が所属していた可能性のある連隊はまだまだたくさんある。
(via Russian Aviation Research Trust)

月、第45戦闘機連隊が前線に赴いたとき、かれはすでに37歳になっており、遙かに若い連中に混じって、この時期の戦闘機戦闘の中で生き延びようと試みた。同期生に比べて大きな戦果をあげることができなかったにもかかわらず、指揮統率と組織の要を得ていたズーゾフは部下に好かれ、尊敬されていた。1943年6月16日、かれは第9親衛戦闘機師団の指揮をとるために、第45戦闘飛行隊を去り、第6YAKの総司令官に任命された1944年5月まで、その職に留まった。ズーゾフ少将はその年齢と、指揮官としての職責を負っていたにもかかわらず、89回の作戦出撃を果たし、11回の空戦で、個人で6機撃墜の戦果を報じているが、うち何機がコブラであげた戦果なのかは、はっきりわからない。

　ズーゾフの第45戦闘機連隊が、第25予備飛行連隊に到着したのは、第298戦闘機連隊より2カ月半も早い1942年10月の後半であったにもかかわらず、その改変作業は複雑で、両戦闘機連隊が戦闘態勢に入った日は数日とは違わなかった。第45戦闘機連隊は当初、P-40に改変するということで、飛行学校から新着した操縦者は同機で戦闘訓練を行っていた。

　連隊がP-40を以て前線に戻る寸前、最初のコブラが到着。連隊は即座に操縦者計31名を擁する3個飛行隊編成に改められることになり、2個飛行隊はP-39が、1個飛行隊はP-40で充足された。これに時間がかかったため、第45戦闘機連隊は1943年3月初旬まで前線の第216襲撃機師団の傘下には入れなかった。連隊が出陣した時、第1、第3飛行隊は10機のP-39Dと、11機のP-39Kを、第2飛行隊は10機のP-40Eを保有していた。

　3月9日、第45戦闘機連隊はクラスノダール飛行場に展開、ただちに戦闘に加入、翌日、最初の損害としてP-39D（41-38433）を喪失した。24時間後、さらに2機のコブラが修理を要する深刻な損傷を受けた。第45戦闘機連隊は北カフカスで2番目にP-39を受領した部隊であったが訓練に費やした期間はずっと長く、その間、最初の部隊はすでに実戦に参加していた。

　3月22日、第45戦闘機連隊のコブラ8機は、Me109Gの編隊30機という強敵と戦ったにもかかわらず、ソ連側は3機を失ったものの、メッサーシュミット撃墜13機を報じた。2名の操縦者、N・クドリャショフ軍曹と、イワーン・シマツコ上級中尉は、燃えるエアラコブラでタラーン攻撃を敢行して戦死、後者はヤクに乗って1942年の夏に同連隊とともに戦い撃墜8機を報じている。同じ日の別の空戦では、未来のP-39エース、ボリース・グリーンカがJu87の後部射手に撃たれて負傷、だが、かれは間もなく作戦に復帰できた。

　ボリース・ボリーソヴィッチ・グリーンカは、弟であるドミートリイ・ボリーソヴィッチとともに第45戦闘機連隊／第100親衛戦闘機連隊に勤務し、ともにソ連空軍のエースとなった。年長のボリースは中尉として第45戦闘機連隊とともに開戦を迎え、多くの戦闘に参加したが、1942年にはまったく戦果をあげることができず、コブラに乗ったときはじめてかれは実力を発揮した。3月と4月に10機撃墜を果たしたかれは、1943年5月24日にソ連邦英雄となり、ボリースは後に撃墜30機を報ずることとなる。1944年夏、かれは有名な第16親衛戦闘機連隊の指揮官に昇進した。

　ボリースよりも3歳若いにもかかわらず、ドミートリイ・グリーンカはまず陸軍に入隊し、兄よりも先に飛行訓練を終えた。かれも第45戦闘機連隊に配属されたが、上級中尉で空中射撃術の副官としてであった。ドミートリイは1942年春、Yak-1で撃墜6機を報じたが、自らも撃墜され負傷、2カ月にわたって入

院することになった。

　1943年4月中旬までに、ドミートリイ・グリーンカは出撃146回を果たし、撃墜戦果15機を記録していた。その月の15日は、連隊にとって最悪の日となった。2機のJu88を撃墜したドミートリイも撃墜された4名の操縦者のひとりであった。負傷し、落下傘降下を余儀なくされ、病院で1週間を過ごし回復したが、作戦に復帰した時、腕にはまだ副木を当てていた。グリーンカが連隊に戻って数時間もたたないうちにP-39がさらに2機（ペトロフ上級中尉機と、ベズバブノフ軍曹機）撃墜されたが、どちらかはいずれドイツ空軍の超エースとなるはずのエーリヒ・ハルトマンの7機目の撃墜戦果であった。その日、グリーンカはまず15機を落としたということでソ連邦英雄となった。

　4月30日、ドミートリイは1回の出撃でJu87を3機撃墜した。さらに5月4日、サラバツの飛行場攻撃で地上にいたMe109を1機破壊したうえ、地上掃射中、不運なJu52/3mが1機滑走路に到着したのを見つけ、ドミートリイは即座に撃墜した。初夏（第45戦闘機連隊が第100親衛戦闘機連隊になったのと同じ頃）、ドミートリイ・グリーンカは大尉に進級、8月24日には出撃186回で29機を撃墜したことに対し二度目のソ連邦英雄の栄誉を授けられた。

　9月、グリーンカはまったく止めておけば良かったようなことで、あわやという危ない目にあった。幸い脚に軽傷を負っただけですんだのだが、捕獲したドイツ軍の手榴弾をいじっている時にそれが爆発したのである。かれは数日で飛行任務に戻り、12月の初旬に第9親衛戦闘機師団が休暇で後方に下がるまでにさらに8機の撃墜を報じていた。ドミートリイは1944年5月には前線に復帰、ヤッシー・キシニエフ戦に参加した。同戦役最初の週、かれは、その月のはじめに1回の作戦でJu87を3機落としたのを含め、またさらに6機を撃墜した。そして、今度はかれの落ち度ではない危機一髪を経験した。

　ドミートリイが乗客として乗っていたLi-2輸送機が悪天候のため針路を見失い山に墜落したのである。重傷を負った撃墜王は救出されるまで2日間、残骸の中に横たわっており、その後、2カ月間にわたって作戦には参加できなくなった。帰還後、少佐に進級、グリーンカはロヴォフ・サンドミール戦に参加し、その間に自己戦果をさらに9機増加させた。次いでかれはベルリン戦に加わり、1日で3機を撃墜、1945年4月18日、高度30mでの戦いでFw190を撃墜、これが最後の戦果となった。かれの最終記録は出撃300回、交戦90回、そして撃墜50機であった。

　クバン上空の第100親衛戦闘機連隊でもうひとり際だった操縦者は、もと化学と数学の教員であったイワーン・ババックであった。かれは1940年に陸軍に入隊、ドイツ軍の侵攻が始まった時にはまだ訓練中であった。残った課程を大急ぎで済まし、かれは1942年4月には卒業、ババックはすぐにYak-1を装備した第45戦闘機連隊に配属された。かれは当初、連隊長のズーソムフ中佐の目にとまらず、部隊から放逐されそうになったが、エースであったD・

このP-39も、58頁の機体と同じような書き方の番号を入れている。だが、操縦席のドアにも、操縦者たちの服にも親衛バッチはない。従って、本機はどこの連隊の所属やらほとんどわからない。
（via Russian Aviation Research Trust）

L・カララシュがかれを自分の僚機として前線で戦える腕前にしてくれた。復職が完全に叶うと、ババックはドミートリイ・グリーンカに僚機を務めてくれと依頼された。
　かれは9月にモゾクで初撃墜を報じ、第45戦闘機連隊が3月に前線復帰した時、ババックは、Me109、Ju87各1機を仕留め、さらに戦果を増やした。1943年4月、かれはクバン上空で戦闘機撃墜14機を公認され、ババックは同僚のファデーエフと恩師ドミートリイ・グリーンカともに、コブラによる抜群のエースに数えられていた。しかし、かれは成功の絶頂に近づきつつあるとき、マラリアに罹患し、9月まで入院することになった。
　第100親衛戦闘機連隊に戻ったババックは新しいP-39Nを与えられ、新しい機体による最初の出撃でMe109を1機撃墜した。1943年11月、かれはソ連邦英雄となったが、マラリアを再発し、病院に逆戻りした。1944年になってもしばらくは作戦に参加することができぬまま、ババックはヤッシー・キシニエフ戦の前夜(第100親衛戦闘機連隊の空中射撃術副官として)部隊に帰ってきた。
　ババックは7月16日、ルヴォフ・サンドミール戦の支援に飛び、1回の空戦でFw190を4機撃墜し、病の発作にもかかわらず戦闘機乗りとしての腕前が衰えてはいないことを証明した。かれは1945年3月、第16親衛戦闘機連隊の指揮官に昇進、かれの愛機P-39Nは、戦友のグリゴーリイ・ドールニコフに譲り渡した。
　第45戦闘機連隊のもうひとりの古参エース、ニコラーイ・ラヴィツキイは1941年に連隊に配属され、I-153で初撃墜(Me109)を記録した。第45戦闘機連隊がP-39への改変のために後退するまでに、かれは186回出撃し、個人で11機、協同で1機の撃墜戦果を報じていた。1943年の夏のあいだ、ラヴィツキイはP-39でさらに4機を撃墜、8月24日にはソ連邦英雄となって、大尉に進級、第3飛行隊の指揮をとることになった。
　戦闘機乗りとして成功を収める一方、前線にいる間に妻に離婚されてしまうなど、かれの私生活は多難であった。それ以来、かれは非常に危険な任務も含めて、ありとあらゆる作戦への参加を志願するようになった。かれは勇敢というよりは向こう見ずとなり、戦友たちはラヴィツキイが死を望んでいるのではないかとひどく心配していた。かれは自己破壊への道を突き進んでいたが、第9親衛戦闘機師団の指揮官となったI・M・ズーゾフはラヴィツキイを師団本部の師団空中射撃副官にした。1944年3月10日、飛行訓練中にとうとうかれは長年望んでいた死を迎えた。その時までに出撃250回、個人24機、協同2機の撃墜を公認されていた。

このP-39N-0、42-4983の国籍標識には青い円盤も、それを消した痕跡も認められず、尾翼には黄色いシリアルナンバーが残されている。よく見ると、背後の機体の48という番号は、手前の43年型の細い43という書体と異なっている。残念ながら、これらの戦闘機の所属部隊はわからない。(via Petrov)

1943年春、ソ連空軍は、各飛行連隊は消耗し尽くすまで前線に留まり、補充要員は予備飛行連隊にしか配備しないというこれまでの慣例を改めた。その結果、連隊は前線に留まって戦いながら新しい機体と、予備飛行連隊からの補充要員を受領できるようになった。1943年夏、そんなふたりの操縦者、未来のエース、ピョートル・ガチョックと、グリゴーリイ・ドールニコフが第100親衛戦闘機連隊にやってきた。1943年8月にやってきたガチョックはすぐイワーン・ババックの僚機となった。かれは1945年4月18日、高射砲でやられるまで前線に留まり、209回出撃、個人18機、協同3機の撃墜戦果を記録した。

　グリゴーリイ・ドールニコフは飛行学校を終えてすぐ第100親衛戦闘機連隊に配属され、ドミートリイ・グリーンカの僚機となった。9月30日、かれは2機のJu87を屠り、初戦果を報じたが、反撃で彼自身も撃墜され捕虜になってしまった。ドールニコフは12月2日、ロシアのパルチザンの助けで脱走しソ連戦線に復帰するまで捕まっていた。

　だが、かれの試練はこれで終わった訳ではなかった。スターリンは第27条で理由の如何を問わず捕虜になることを反逆行為と規定していた。この規則は必ずしも厳密に遵守されていたわけではなかったが、捕虜から逃れて来た者はすべてスメルッシュ（憲兵）による尋問と取り調べに耐えなければならないという非常に不快な目にあってから任務への復帰を許され、それは多くの場合懲罰大隊での勤務であり、前線に戻る代わりに強制労働収容所に送られることさえあった。その後、ドールニコフの容疑は晴れたが、1944年5月まで連隊には復帰できなかった。終戦までに、かれは160回出撃し、個人で15機、協同で1機の撃墜を報じている。

　P-39Dを配備されブルーライン上空で戦った3番目の連隊、第16親衛戦闘機連隊は、コブラ部隊のなかでもっとも有名だったばかりでなく、ソ連空軍史上もっとも誉れ高い部隊であった。同連隊の総合戦果数はソ連の戦闘機連隊の中で2位（697機）に過ぎなかったが、数多くのソ連邦英雄を輩出（15名）、しかも2名は二度にわたってソ連邦英雄の栄誉を受け、さらにソ連空軍では2人しかいないソ連邦英雄を三度与えられた者のひとりも同連隊の一員だった。実際、三度叙勲された者は、全ソ連軍でもたった3名しかいない、G・K・ジューコフ元帥は1945年に三度目の叙勲を受け、珍しいことに1956年に四度目を授けられた。

　同部隊は、開戦時、第55戦闘機連隊（指揮官はV・P・イワノーフ少佐）としてルーマニア国境近くのベルツイイで、I-153とI-16からミグ3へと装備を改変している最中であった。操縦者連中のなかでもアレクサンドル・ポクルイーシキン上級中尉は、侵攻戦のさなかソ連空軍機であることに気づかずSU-2を撃墜してしまうと幸先の悪いスタートを切ったが、その24時間後にはまっとうな初戦果を記録した。第55戦闘機連隊は1941年中、主に偵察と対地攻撃を主任務としており、1942年3月7日に第16親衛戦闘機連隊の称号を獲得した。

　その年の暮れまでに、ポクルイーシキンは316回の出撃を果たし、4機の撃墜戦果を報じていたが、偵察中に一度、対空砲火で撃墜され、ドイツ軍戦線の背後に着陸したが捕虜にはならなかった。これは未来の成功に対する良い前兆ではなかったが、ポクルイーシキンが生存の術に長けていることを示す証拠ではあった。この暗い時期に、かれ自身とソ連空軍の将来の成功に係わる基礎固めとなる敵機の研究と戦術の分析に、多くの時間を費やし始めて

1941年後半、ミグ3戦闘機に乗り込もうとしている若き日のアレクサーンドル・ポクルイーシキン。ポクルイーシキンはこの難しい飛行機を比較的うまく使った数少ない操縦者のひとりで、P-39Dに乗り換える前に、本機でソ連邦英雄をひとつ稼いでいる。そして米戦闘機に乗り換えた彼は、前よりも簡単に戦果を得られるようになった。(via Petrov)

いた。

　同じようなことを試みた他のソ連空軍のエース同様、ポクルイーシキンもソ連空軍は装備も戦術も敵に劣っているという結論に達していた。やがて、ソ連戦闘機の設計批判や、ポクルイーシキンの歯に衣をきせぬ物言いが原因となって、かれと連隊航法士とのあいだに諍いが生ずるようになった。

　1942年の春、第16親衛戦闘機連隊はさらに多くのYak-1を受領した時、最後に残っていたI-153やI-16をお払い箱にすることができたが、未だ時代遅れのミグ3は残っていた。今やヤコヴレフ戦闘機で飛びはじめたポクルイーシキンは戦果を伸ばしはじめ、1942年の暮れまでに354回の出撃で、撃墜12機(8機のMe109を含む)を記録した。

　1943年1月初旬、第16親衛戦闘機連隊は新しい操縦者とP-39を得るために第25予備飛行連隊に送り込まれ、その結果、3個飛行隊によるもっと編成の大きな連隊になることができ、14機のP-39L-1と、7機のP-39K-1、11機のP-39D-2を受領した。4月8日、第16親衛戦闘機連隊はクラスノダールで前線に復帰、第216襲撃機師団の傘下に入り、翌日から作戦に参加した。

　4月のあいだに連隊はP-39を延べ289機、P-40Eを延べ13機を出撃させ、79機の撃墜を公認された。14機のMe109E、12機のMe109F、45機のMe109G、2機のFw190、4機のJu88A、1機のDo217、1機のJu87Dである。以上の機種判定は、撃墜された残骸のエンジン番号を読みとって特定したものである。

　一方、第16親衛戦闘機連隊は19機のP-39を戦闘で、2機を事故で喪失、同時に11名の操縦者とP-39を19機と、4機のP-40Eの補充を受けた。6月1日までに、連隊の戦力はまたP-39が19機にまで減少していた。連隊の損害総数36機という数字は猛烈な空戦が行われたことの証である。

　4月、ポクルイーシキンは10機のMe109、グリゴーリイ・レチカーロフは7機のMe109と1機のJu88の撃墜を公認されていた。ヴァディーム・ファデーエフは両人よりも多い12機のMe109の撃墜を報じていた。

　ポクルイーシキンが初めてP-39で戦闘に臨んだのは4月9日であった。かれとレチカーロフはともにMe109の撃墜を報じた。3日後、ポクルイーシキンは2機、レチカーロフもまた戦果を報じた。前者は、この4月12日、実際には撃墜7機を報じたのだが、撃墜が公認されたのは2機だけだったのである。15日、16日、そして20日と、かれはさらに戦果を重ね、29日には1回の出撃でMe109の撃墜4機を報じた。4月24日、ポクルイーシキンはソ連邦英雄の叙勲を受け、かれの古いP-39D-2、「白の13」を、新型のP-39N、有名な「白の100」に交換、終戦まで同機で飛びつづけた。翌月、かれは少佐に進級、1943年の初期には飛行隊長となっていた。

　すべてがかれにとって良い方向に進んでいたが、ポクルイーシキンの経歴は連隊長(以前の連隊航法士)ザーエフによって葬り去られる寸前であった。ふたりの関係は1942年を通して悪化をつづけ、1943年の中頃には、ポクルイーシキンからソ連邦英雄の栄誉を剥奪し、裁判に出頭させる処置が講じられたのである。いくつもの難関を越え、連隊の政治委員がポクルイーシキンの名誉を回復、復職させ、8月24日、かれの出撃455回、個人撃墜30機という功績に対してふたたびソ連邦英雄の称号が授けられた。

　1943年の春から夏にかけて、ポクルイーシキンの新戦術開発と完成は、連隊長の政治的策謀にも妨げられずにつづけられた。3機ないし6機で平行ま

P-39の前で撮影されたその後のポクルイーシキン。かれの軽装から、この写真がP-39に機種改変した直後の1943年の夏に撮られたことが推定できる。(via D Maksimov)

たはV字型の編隊をどんな空戦中にも絶対に崩さずに飛ぶという戦前の戦術はもはや時代遅れであることが証明されていた。敵機の効果的な疎開編隊を見て、ポクルイーシキンはかれの飛行隊の小隊の機数を、2機ずつに分離可能の4機に減らした。とはいえ、僚機は編隊長に徹底的について行かなければならないとしていた。

　夏のあいだに、かれは、低空を飛ぶ小隊がもし攻撃されても、その後上方を飛ぶ別の小隊がそれを扶援するという、奇襲を目論むどんな敵戦闘機の攻撃にも対処できる「クバンの階段」と呼ばれる戦術を編み出した。そして、この第2の小隊はさらに高いところにいる小隊に掩護してもらうのである。ポクルイーシキンはまた従来の旋回戦闘や対進攻撃に代わって、(これもまたドイツ空軍がよくやっていた)降下攻撃を好むようになっていった。これは高空からの奇襲攻撃と呼ばれ、高速で急降下するものであった。敵機に接近したら発砲し、次いで降下退避する。さらに降下の余力で上昇、高度を回復し、もし必要ならふたたび攻撃するという戦術であった。ポクルイーシキンがこれを有名な独特の略語癖で「最高速度での機動射撃」としていた。

　かれの戦術は次第にソ連空軍に受け入れられるようになっていったし、「クバンの階段」は後にソ連空軍に訓練された北ベトナム空軍もその有効性を証明。ポクルイーシキンは「索敵掃討」戦法を編み出し、第16親衛戦闘機連隊の戦闘機は、それまでのソ連空軍の典型的な任務であった爆撃機の掩護から離れた、戦闘機掃討任務によって積極的に敵を求めて飛ぶことができるようになった。これは戦闘機乗りに、以前の戦術では無視されていた戦闘の主導権掌握の機会を与えた。

　1943年の暮れに向かって、ポクルイーシキンは第8航空軍の後援による「索敵掃討」の開発と実施に関する協議会に参加、この戦法はソ連空軍全体に少しずつ広まっていった。いくつかの精鋭戦闘機連隊が「索敵掃討」を主任務とする一方、ほとんどの戦闘機師団や、戦闘機軍団は選り抜きの操縦者で編成された「剣小隊」を作り、通常任務からは外し、掃討任務を授けた。

　ポクルイーシキンにとって、新しい戦術でひとつだけ都合が悪かったことは、もはやかれの戦果すべてを証言できる者がいなくなってしまったということだった。かれが報じた戦果のうち13機は証人がいなかったため公認されなかった。

　クバンの掃討後、ポクルイーシキンの師団は南部ウクライナの解放に向かい、かれの部下は9月のドンバス地方の戦いと、マリウポリの解放で名声を高めた。1943年の暮れ、第16親衛戦闘機連隊と第9親衛戦闘機連隊は、休養と再編成のため前線から予備に退いた。

　「サーシャ」・ポクルイーシキンの偉大な競争相手、P-39での最高撃墜記録保持者、連合軍全体で三番目の撃墜王、グリゴーリイ・「グリーシャ」・レチカーロフは医師による度重なる禁止にもかかわらず飛び続けた男であった。入隊、そして訓練終了

連合軍全体で第3位のエースとなったことを誇るグリゴーリイ・レチカーロフ。かれの戦闘機には56の個人戦果が記されており、このP-39に以前は描かれていた6機の協同戦果は、もう省略されている。
(via Russian Aviation Research Trust)

第16親衛戦闘機連隊のP-39D-2の主翼で語り合うエース仲間、アンドレーイ・トルッドと、ヴァディーム・ファデーエフ。ファデーエフはソ連の操縦者が地図や書類を入れるのに使う革のケースを手にしている。この写真からなぜファデーエフが「アゴ髭」と呼ばれるのかがわかるだろう。(via D Maksimov)

後、レチカーロフは色盲でかつ遠視であるという医療報告から飛行を差し止められていた。しかし1941年に戦争が差し迫ってくると、そんな視覚上の問題は重要ではなくなり、6月には、I-153と、I-16で南西戦線を飛んでいた。レチカーロフは撃墜2機を報じたが、自分自身も撃墜され、三回の手術を耐え、数ヵ月にわたる入院を強いられ、医師によって飛行任務への復帰は不可能と宣告された。

度重なる懇願と、ソ連空軍が大きな損害を受けており、彼自身も何度か飛んでみせたため、1942年夏には前線復帰が叶い、第16親衛戦闘機連隊に配属された。Yak-1でさらに何機かの撃墜戦果を報じたが、かれが真価を発揮したのは1943年の4月、P-39に乗って前線に復帰したときだった。4月9日、かれはポクルイーシキンとともに第16親衛戦闘機連隊ではじめてのコブラによる出撃でMe109を1機撃墜、この月の末までは8機撃墜を記録し、併せて上級中尉に進級した。

5月24日、レチカーロフは出撃194回、個人12機、協同2機の戦果を報じてソ連邦英雄となり、6月には第16親衛戦闘連隊、第1飛行隊の指揮官となった。1943年の秋には、2機のJu52と、ルーマニア空軍のサボイアZ.510飛行艇1機を黒海上空で撃墜するなど、レチカーロフは1944年に向かって戦果を増やしていった。

1943年、レチカーロフは、ポクルイーシキンが第16親衛戦闘機連隊で注目の的となっていた頃、ヴァディーム・ファデーエフはかれらの記録に挑み、そして凌駕しさえした。自分自身無線で使っていたので、伸ばしたままの頬髯に由来するかれの異名ボローダ（アゴ髭）は敵味方双方でで知られていた。かれは上級軍曹としてI-16に乗って南西戦線で開戦を迎え、誰よりも低く飛ぶ並外れて大胆な対地攻撃を行うことですぐに有名になった。

1941年11月、ドン河畔のロストフで、ドイツ軍の砲兵陣地にそんな攻撃をしていたとき、爆発した弾薬集積所の破片でファデーエフの戦闘機のエンジンが傷ついた。帰途、かれは敵味方両軍に挟まれた無人地帯に胴体着陸した。ファデーエフの頭上を銃弾が飛び交い、操縦席から跳びだしたかれは一番近いソ連軍の塹壕に走り込み、そこですぐに上級の指揮官に最新の偵察情報と目標の位置を伝言するよう手配した。その後、ソ連の砲兵はドイツ軍の砲兵陣地を捕捉した。ファデーエフはまた、ただちに反撃を行うよう提案し、狙撃兵たちが壕を出ると、かれもホルスターから拳銃を抜き突撃の先頭に立った！

1941年12月、かれは第630戦闘機連隊に転属になり、キティホークを宛われ、1942年1月、初めての撃墜を報じ、この年の末までにはさらに5機の撃墜を報じた。1942年の末、ファデーエフは第16親衛戦闘機連隊に転属となった。

この撃墜王は、その技量、大胆さと人柄の良さから、たちまち連隊内のみな

第16親衛戦闘機連隊の花形のひとり、アレクサーンドル・クルーボフ。この写真は1944年4月にソ連邦英雄となった直後に撮影されたもの。
(via D Maksimov)

らず、ソ連戦線全体の伝説的な人気者となった。1943年4月の終わりまでに、ファデーエフは大尉に進級し、第16親衛戦闘機連隊の第3飛行隊長になった。かれは394回出撃、43回の空戦で、個人17機、協同3機の戦果を報じた。

1943年5月5日、ファデーエフのP-39、6機は、8機のMe109に待ち伏せされ、不死身と思われていたかれは戦死した。4機ものドイツ戦闘機がファデーエフ機に挑んできたにもかかわらず、かれは対進で反撃を試み、やがて包囲され、機体に連射を浴び、かれは横腹に負傷、コブラのエンジンもひどく損傷した。大出血で衰弱したファデーエフは草原に胴体着陸したが、兵隊が助けにやってくる前に操縦席で絶命してしまったのである。かれの死後、5月24日にソ連邦英雄の称号が与えられた。

ヴァディーム・ファデーエフが戦死するちょうど1週間前、第16親衛戦闘機連隊に最終的には髭の撃墜王の記録を凌ぐことになるアレクサーンドル・クルーボフが着任した。1940年に飛行学校を卒業したにもかかわらず、クルーボフがまだ古いI-153で戦っていた連隊に送られたのは1942年8月だった。1942年11月2日、モズック上空で炎上墜落させられるまでに、かれの出撃は150回を数え、地上で6機を破壊し、空中で4機を撃墜していた。クルーボフは落下傘降下に成功したが、ひどい火傷を負い、何ヵ月もの入院を余儀なくされ、この出来事によって、かれは残る人生を穴が開き傷が残った顔で過ごすことになった。

クルーボフが任務に戻ったとき、大尉に進級し、副飛行隊長として第16親衛戦闘機連隊に配属された。かれは瞬く間に頭角を現した。1943年8月15日に起こった目覚ましい空戦のひとつでは、6機のP-39を率いて4機のMe109に掩護された2機のFw189「ラーマ」(このもっとも嫌われていた飛行機は、操縦者たちに「窓枠」を意味するロシア語の異名で呼ばれていた)と交戦した。かれの編隊は分離し、それぞれ戦闘機と偵察機に向かい、クルーボフは、損害を受けることなくラーマを2機とも撃墜した。1943年9月はじめまでに、アレクサーンドル・クルーボフは310回出撃し、個人14機、協同19機の撃墜を報じていた。かれは1944年4月13日にソ連邦英雄の叙勲を受けた。

1944年春、クルーボフは第3飛行隊の指揮官に任命され、この年の後半には連隊の空中射撃副官になった。5月29日に起こった注目すべき空戦で、かれは8機のP-39を率いてJu88の編隊を攻撃した。最初の攻撃でクルーボフ隊は爆撃機2機を撃墜、次いで、撃墜王は、攻撃の邪魔をしてきた掩護のMe109を1機撃ち落とした。翌日、クルーボフの小隊は10機のMe109に掩護された9機のJu87と遭遇、かれはまず爆撃機編隊の指揮官機を撃墜、攻撃を混乱させた。かれ自身の戦闘機は、Me109の攻撃で損傷したが、かろうじて基地まで帰ることができた。その後、ヤッシー・キシニョフでの戦いで、クルーボフは7月16日に落とした2機のJu87を含めて、全部で撃墜13機を報じた。

457回の出撃を生き延びて、個人31機、協同19機の撃墜戦果を報じた、アレクサーンドル・クルーボフは1944年11月1日、P-39からLa-7への機種転換訓練中に着陸事故で殉職した。1945年6月27日、かれにはソ連邦英雄の称号が与えられた。

第16親衛戦闘機連隊でソ連邦英雄の叙勲を受けたもうひとつの男、ニコラーイ・イースクリンは1941年6月には第131戦闘機連隊にいた。かれは1942年2月、第55戦闘機連隊に転属、1943年5月末、上級中尉に進級、第2飛行隊の副官となった。それまでに、出撃218回、空戦58回で、個人撃墜10

このP-39はドアに親衛連隊のバッヂを付け、消えかかってはいるが尾翼には黄色いシリアルを残している。注目すべきは、機体に、いかなる種類の番号もないことで、尾翼頂部に何色かが塗られているが、その色もはっきりしない。(via Petrov)

機、協同1機を報じた1943年8月24日、イースクリンはソ連邦英雄の叙勲を受けた。

数日後、かれは撃墜されて負傷した。P-39からの脱出の際、尾翼に衝突し、左脚をひどく骨折したのである。実際、脚は切断しなければならないほどの重傷だった。しかし、かれは屈せず、義足を着けて第16親衛戦闘機連隊に着任したのである。かれはさらに79回の出撃を記録し、個人戦果に6機を追加したのであった。

1943年春、第16親衛戦闘機連隊に補充された操縦者の全員が戦闘機での訓練を受けてきたというわけではなかった。たとえば、パーヴェル・エリョーミンは、この精鋭連隊にやって来る前には、ツポレフSB-2と、B-25ミッチェルで多くの作戦を経験してきた爆撃機乗りであった。ポクルイーシキンの手厚い監督のもと、かれは新しい飛行機によく馴染み、ベルリンに達するまでに撃墜22機を報じている。

ゲオールギイ・ゴールベフもポクルイーシキンの恩恵を受けた者であった。開戦時、教官を務めていたゴールベフは、マラリヤの発病の連続と、飛行機の不足で実戦参加の機会が度々流れたことで苛立っていた。1942年中頃、かれはとうとう実戦に出たが、乗せられたI-153は旧式過ぎて、同機で撃墜戦果をあげるのは不可能であることを知った。ゴールベフは次いで第81戦闘機連隊(後の第101親衛戦闘機連隊)に配属され、そこでコブラへの転換訓練を受けたが、まだ前線にも行かない1943年5月に、第16親衛戦闘機連隊に転属になり、ファデーエフの飛行隊に配属された。

ゴールベフに引き合わされた機付兵は、かれの顔を不思議そうに眺めていた。

「ゴールベフ?」

「そうだ。ゲオールギイ・ゴールベフ。それがどうした?」

「なんてこった。前の操縦者もゴールベフだったんだ。中尉だったよ。撃墜されちまったけどな。経験豊富な男だっていわれていたんだが、とうとう帰ってこなかった」。

「俺は奴らに撃ち落とされないようにしてみるよ」と、ゴールベフは答えた。

ゴールベフにとって幸運だったのは、ポクルイーシキンが新米の操縦者を実戦に連れ出す前に、戦い方、生き残る方法を教え込むので有名な男だということだった。撃墜王が良いというまでたっぷり練習を積んだゴールベフは、ポクルイーシキンに率いられ、他の操縦者とともにシュトゥルモビクを掩護する作戦に出るよう命じられた。作戦中、Iℓ-2を攻撃しようとしたMe109が2機撃墜された。空戦の初体験としては上々であった。

作戦はさらにつづき、その中でゴールベフは、ポクルイーシキンが注意深く見守る中、He129を1機撃墜した。着陸後、やって来た撃墜王は「おい、シベリア人。仲間入りを果たしたな。これからは一緒に飛ぼう」といった。ゴールベフは同郷の偉大な撃墜王に僚機を務めてくれと頼まれたのである! 恐れ入ってしまったかれを、ポクルイーシキンがなだめた。「そう大変なことじゃないよ。いずれお前さんは俺がやろうとしていることが見通せるようになるし、俺もそうできるようになる」。

その直後、まだ一緒に飛びはじめたばかりの頃、かれらはFw189ラーマを邀撃した。ポクルイーシキンはラーマを攻撃、かれは回避機動に入ったラーマをゴールベフが待ちかまえているところに追い込み、ゴールベフに撃墜させた。ゴールベフのイヤホンに無線が入った「よくやったゾーラ、お前、俺の考えを読んだな」。ポクルイーシキンは何度も撃墜の機会を譲ったり、編隊の位置を入れ替えたりした。

　1943年8月、ゴールベフのP-39は損傷し帰途につくと、機体から火が出た。脱出すると、かれの体は旋転しはじめた。このままでは落下傘が絡んでしまうと思い、すぐには開傘索を引かず、まず手足を広げて回転を停めてから、落下傘を開いた。それが開いたのは高度わずか150m、ゴールベフは無事、ソ連兵のあいだに着地した。

　ゴールベフはその後もポクルイーシキンの僚機を務め、かれらは地上でも親しくなった。その後、1944年になって、ポクルイーシキンが第9親衛飛行師団の指揮をとるようになり、ゴールベフが編隊長になってからも、ポクルイーシキンが第16親衛戦闘機連隊と飛ぶときには、ゴールベフを僚機に指名することが多かった。ゴールベフの戦果はやがて12機に達し、かれの最終戦果は戦争最後の日、ブラークの近くで撃墜したDo217であった。

# chapter 7
# ソ連空軍の勝利
Soviet victory in the air

　南北両翼の戦いでP-39がその名声を高めていた頃、同機は中央戦線でも戦うようになっていた。主に使っていたのは最初にコブラの訓練を受けるために第22予備飛行連隊に赴いた第153と、第185戦闘機連隊であった。6月29日、第153戦闘機連隊は、2個飛行隊、20機のコブラを以て、セルゲーイ・ミローノフ少佐の指揮のもと、ヴォロネジに配備され、その翌日から作戦行動に入った。その後、部隊はリペツクへ移動した。

　ミローノフ少佐はフィンランドに対する冬戦争で初めて実戦を経験、I-153で対地攻撃を37回実施、撃墜戦果1機を報じている。この功績によってかれはソ連邦英雄となり、ミローノフは1941年6月に第153戦闘機連隊に配属され、1942年の初期には連隊長となった。

　ミローノフの下でヴォロネジ付近で戦った第153戦闘機連隊は59日間に延べ170機を出撃させた。連隊は撃墜51機（39機のMe109と、15機のJu88他、Me110、Me210、MC200、Do217、He111、Fw189、Hs126各1機）を報じる一方、戦闘で8機と操縦者3名、戦闘以外の原因で1機と操縦者1名を失った。加えて、8月中はロディオノフ少佐率いる8機が独立部隊として西部戦線で167回出撃し、戦闘で2機を失い、操縦者2名が負傷、それ以外の原因で1機と操

縦者1名を失ったものの、4機のMe109と、9機のJu88の撃墜を報じている。

10月1日、連隊はイワノヴォから撤退し第22予備飛行連隊に向かい、損失の補充を受けるとともに、3個飛行隊編成に拡充された。ミローノフはこの時、中佐に進級するとともに戦闘訓練局の主席執行官に任命され、ロディオノフ少佐が第153戦闘機連隊の指揮を引き継いだ。後に第193戦闘機師団の指揮官に昇進したミローノフは1945年5月までに193回出撃し、撃墜17機（と冬戦争中の1機）を報じた。

1942年後半、枢軸軍によるソ連の北西戦線突破の危機が迫ったとき、第153戦闘機連隊はまだ再編成の途上にあったにもかかわらず、前線に急行した。天候は悪化をつづけ、11月に連隊が飛べたのは9日に過ぎなかった。にもかかわらず、延べ94機が出撃し、P-39を2機失ったものの、4機のMe109と、2機のJu87の撃墜が報じられた。

11月21日、連隊は第28親衛戦闘機連隊と改称され、その後、9カ月間の戦績も新たに授けられた「親衛」の名に恥じぬものだった。1942年12月1日から、1943年8月までに連隊はエアラコブラを延べ1176機を出撃させ、63機（23機のMe109、23機のFw190、6機のJu88、7機のFw189、4機のHs126）の撃墜を報じる一方、戦闘で14機、地上で爆撃を受け5機、事故で4機、そして操縦者10名を失った。8月、連隊はP-39N/Qを受領した。

24機のP-39と操縦者13名の喪失に対して、撃墜140機を記録したにもかかわらず、たいそう不思議なことに、第28親衛戦闘機隊からは有名なエースが出なかった。

第22予備飛行連隊に赴き、かれらとともにコブラの先駆けとなった第185戦闘機連隊はヴァシン中佐の指揮下、レニングラードとヴォルコフ戦線へと出征した。同連隊は第153戦闘機連隊とほぼ同時期に前線に進出、同じく翌日から出撃した。その後の戦闘経過はほとんど知られておらず、1942年8月には解隊され、操縦者たちはアラスカから到着したP-39をシベリアを越えて空輸する任務につけられた。戦績が隠されているということから、第185戦闘機連隊は前線で活躍できなかったのだろう、戦果もなく大きな損害を受けたに相違ない。

第494戦闘機連隊もまた、コブラで戦果をあげられなかった。この部隊は1942年を通し南部戦線で、ロシア製の戦闘機を以て戦い、1943年3月に第25予備飛行連隊でP-39Dに機種を改変した。第494戦闘機連隊は8月、前線に出立、ほんの短期間任務についた後、西部戦線の総司令部予備で、フランス義勇兵によるノルマンディ・ニーメン連隊も所属していた第303戦闘機師団に配属された。

いくつかの理由から、同連隊は2カ月間で延べ62機を出撃させたが、日割りにしてみると毎日P-39が1機出撃したに過ぎないことになる。連隊の操縦者はたった3機の撃墜を報じたのみで、1機と1名を失った。1943年12月、第494戦闘機連隊は第25予備飛行連隊に戻り、そこで解隊された。このことから、連隊の不活発さは、戦闘の機会が少なかったというよりも、戦力不足が原因であったことがわかる。

第22予備飛行連隊でP-39に改変した3番目の連隊は、1942年7月20日に、たった5週間前にこの部隊で配備されたばかりのハリケーンを消耗しきった状態でやって来た第180戦闘機連隊であった。8月3日、連隊は改変訓練を開始、それに時間を要したうえ、1943年3月1日まで予備として控置された。

1942年11月21日、未だ機種改変の途上にあった同連隊は、戦争初期の戦績に対する褒賞として第30親衛戦闘機連隊に改称された。部隊が3月に前線に復帰したとき、連隊長のハサーン・イバトゥーリン中佐を含め、人員は事実上、全員が入れ替わっていた。かれは1942年7月に撃墜されて負傷するまで、I-153とI-16で飛び何機かの撃墜戦果を報じていた。かれは終戦まで、第30親衛戦闘機連隊の指揮官に留まり、456回出撃、1945年4月18日に最後の2機を落とすなど個人撃墜15機を報じている。

　この連隊の本物の立て役者はミハイール・ペトローヴィッチ・レンツと、アレクサーンドル・ペトローヴィッチ・フィラートフであった。レンツは1939年にオデッサの飛行学校を卒業、極東に送られ、1942年10月、第180戦闘機連隊に転属するまで、そこで教官を務めていた。戦闘経験はないものの、教官としての長い飛行時間を経ていたため、かれは明らかに他の新人操縦者より優れており、小隊長を務めることになった。

　1943年3月、第30親衛戦闘機連隊は前線に復帰、中央戦線、第16航空軍の第1親衛戦闘機師団の麾下部隊としてクルスク付近の基地に配置された。レンツは5月22日、4機のP-39を率いて、Fw190に掩護されたJu87の大編隊に遭遇したとき、初戦果を報じた。最初の攻撃でかれは戦闘機を撃墜、第2編隊の指揮官は爆撃機を落とし、ドイツ軍は蹴散らされる前にさらに3機のJu87を失った。5日後、レンツは3機のFw190に攻撃され、かれは錐もみに陥ったP-39からの脱出を余儀なくされた。1943年が終わるまでレンツはそれほどの個人戦果をあげることはできず、1944年が明けるまでに報じた撃墜戦果はたった3機であった。

　1943年の後半、第30親衛戦闘連隊は、戦力を充足するため、ふたたび後方に下がり、第273戦闘機師団の麾下に入った。親衛連隊が普通師団の傘下に入れられるということは、連隊が「親衛」に期待されている戦果を記録しえなかったことをほのめかしている。しかし、ミハイール・レンツは戦果をあげることが少なかったとはいえ、小隊を十分うまく指揮したため、第3飛行隊の指揮官に昇進した。

　1944年夏のあいだバグラチオン作戦(ベラルーシとポーランドでの戦い)の支援に飛びながら、レンツはとうとう個人的な成功を収めはじめた。たとえば、8月12日、地上部隊を援護しながらかれの部隊は30機のJu87のうち6機を仕留め、レンツも個人的に2機を落とした。1944年の暮れまでに、かれの飛行隊は延べ1183回出撃し、かれの指揮のもと撃墜58機を報じ、連隊のみならず、師団最高の飛行隊であるとの評判を得ていた。年末までにレンツは少佐に進級した。

　ベルリン作戦の最初の4日間で、かれの飛行隊は延べ112機を出撃させ、15機の戦果を報じた。4月の終わりまでにレンツは246回出撃、空戦56回で個人戦果18機(2機のMe109、12機のFw190、1機のJu88、3機のJu87)と5機の協同撃墜を報じた。うち9機の戦果は、17日に撃墜した3機、翌18日に2機、さらに20日に2機のFw190など、1945年の4月だけで仕留めたものであった。5月初旬にはさらに奮闘し、最終的にレンツは出撃261回、空戦63回、個人20機、協同5機の撃墜戦果を公認された。かれは1946年5月15日、ソ連邦英雄となった。

　ミハイール・レンツは戦後も空軍に留まり、朝鮮上空で戦ったソ連空軍司令部部隊である第64YAKで「熟練飛行監査官」として2年間勤務した。その間、

かれはミグ15で何回か戦闘任務に飛んだが、どのくらい出撃したのか、戦果があったのか等の記録は残されていない。

　第30親衛戦闘機連隊の指折りの操縦者、アレクサーンドル・ペトローヴィッチ・フィラートフは、1943年3月、空中勤務の軍曹として前線に現れ、ミハイール・レンツの第3飛行隊で戦った。かれは5月9日にFw190を1機撃墜して初戦果を報じ、6月2日にはクルスク上空でMe110（Bf110）を1機撃墜した。かれは寡黙で謙虚、そして文学、特に詩を愛する男だった。初戦果を上げ基地に帰ったとき、かれは自制心を取り戻すまで操縦席に留まり、機体から降りて、あたかもそれがほんの些事であるかのように、落ち着いて戦果を報告した。かれは飛行隊長より有能そうに見えた。

　クルスク作戦の初日、7月5日に1回の出撃で3機を落とすなど、フィラートフは3カ月以内に個人8機、協同4機の戦果を報じていた。だが、かれはこの作戦初日に撃墜され脱出せざるをえなくなった。幸運にも、風がかれをソ連軍戦線内に運んでくれたため、翌日には連隊に復帰することができた。6日後、かれはふたたびFw190に撃墜され、今度はドイツ軍戦線内に降りてしまった。着地したときの衝撃で気を失っていたかれはすぐに捕まってしまった。しかし、8月15日、機銃掃射を受けたとき、ひとりのソ連軍戦車兵と一緒に隊列から逃げ出した。そして1カ月余りも逃げ回った挙げ句、連隊に帰ってきた。

　もちろんこれは深刻な事態で、たとえ捕まっていた期間がどんなに短くともソ連の軍規上、それは反逆罪に値した。しかしフィラートフはスメルッシュの尋問を切り抜け、第30親衛戦闘機連隊の指揮官、ハサーン・イバトゥーリン中佐も審問後はかれを戦闘任務に復帰させた。

　1944年の夏を通して、フィラートフは上級中尉に進級、加えてミハイール・レンツの第3飛行隊の副官に昇進した。

　1944年最後の月から1945年の初頭にかけては、ドイツ軍が次第に減少して行く兵力を節用しソ連軍に挑戦してくることが滅多になかったため、第30親衛戦闘機隊にとっては静かな期間となった。3月、フィラートフは第1飛行隊の指揮官に任命され、ベルリンへの最終的な進撃がはじまり、ドイツ軍は残されていた全兵力をこの最後の戦いに投じてきた。フィラートフは、4月19日に2機を撃墜したのをはじめ、戦争最後の数週間でさらに8機を撃墜した。

　その翌日、夕方の哨戒中、かれはふたたび撃墜されてしまった。P-39は炎上し、フィラートフはドイツ軍支配地域に胴体着陸した。かれが操縦席から跳び降り、手近な森に逃げ込もうとしたとき、機関銃の連射で脚を撃たれ、また捕虜にされてしまった。ドイツの病院に運び込まれが、フィラートフは隙を見て早々に脱走、連隊に復帰した。かれは連隊長の全面的な支持のもと、また容疑を晴らした。フィラートフは大尉に進級さえしたが、二度も捕虜になったので、ソ連邦英雄への叙勲や、戦後の出世もありえないということになっ

この操縦者の正体は確かではないが、ほぼ第9親衛戦闘機連隊のパーヴェル・ゴロヴァチョーフ上級中尉ではないかと思われる。機体の赤い矢印は同連隊の戦時標識で、後には連隊のLa-7にもこれが描かれている。こんな上品なものであっても、女性の写真や番号の上に書き加えられた女性などの絵はソ連機としては異例のものである。この写真はおそらくゴロヴァチョーフが最初のソ連邦英雄の叙勲を受けた直後の1943年の後半に撮影されたものである。かれは個人で31機。協同で1機の撃墜戦果を報じ、1945年6月29日に二度目のソ連邦英雄の叙勲を受けている。(via Petrov)

た。かれは1946年まで現役に留まり、175回出撃し、35回の空戦で個人21機、協同4機の撃墜戦果をあげた。

1943年、アラスカ・シベリア経路で最初のP-39N/Qが大量に到着しはじめていた頃、さらに多くの連隊がこれら後期の戦闘機を以て戦闘に投入された。1943年5月に機種改変した第27戦闘機連隊と、8月にコブラを受領した第9親衛戦闘機連隊は、この時期に並外れた実績を残した2個連隊であった。第9親衛戦闘機連隊は558機撃墜を報じ、ソ連空軍第3位の高位戦果をあげ、第16親衛戦闘機連隊にも匹敵する「撃墜王連隊」として知られている。

同連隊は開戦時、第69戦闘機連隊としてI-16戦闘機を以て、オデッサとウクライナ南部の防衛戦で目立った手柄を立てた。そして1942年3月7日、第16親衛戦闘機連隊と同じ日に親衛の称号を授与され、その年のうちにラグと、Yak-1への機種改変を果たした。1942年10月、第9親衛戦闘機連隊は、第8航空軍の他の戦闘機連隊から選り抜いたエースを転属させ、精鋭連隊として再編成された。第9親衛戦闘機連隊に到着した操縦者たちには「見習い期間」が課せられ、最初の1、2週間以内に戦果をあげられないか、あるいは連隊長に連隊の水準に達していないと判断された者は、他の連隊に転属させられた。第9親衛戦闘機連隊には不十分だった不適格者も転属先の連隊では徐々に腕の冴えを見せていった。

1943年8月、精鋭連隊はP-39Lなどに機種変換し、その後、ちょうど10カ月間はコブラで飛ぶことになった。1944年7月、第9親衛戦闘機連隊は前線から退き、新型のラーヴォチキンLa-7に機種を改変、P-39から実際に他の戦闘機へと機種を改変した数少ない連隊のひとつとなった。

おそらく第9親衛戦闘機連隊の「エース中のエース」はクリミア出身のタタール人で、終戦までに個人で30機、協同で19機の戦果を報じ、二度にわたってソ連邦英雄の栄誉を受けたスルターン・アメート=ハーンであろう。アメート=ハーンが第4戦闘機連隊から第9親衛戦闘機連隊に転属させられた時、旧連隊長は「アメート=ハーンのいない連隊なんて、音楽のない結婚式のようなものだ」とぼやいた。かれは第4戦闘機連隊のI-153で開戦を迎え、後にハリケーンに機種を改変、撃墜戦果をあげることもなく1年が過ぎた。そして1942年5月31日、かれはとうとう「タラーン攻撃」体当たりでJu88を道連れにした。

かれがこんな決死の攻撃方法を選んだのは、連隊の政治委員とその月の暮れまでに撃墜戦果をあげれば銀のシガレットケースを進呈するという賭をしていたからであった。かれはどうしてもそれが欲しかったのだ。爆撃機に体当たりしたアメート=ハーンは脱出、ある村に降りたが、タタール訛のため敵と勘違いされ、捜索隊が到着するまで、かれが落としたドイツ飛行士と一緒に監禁されていた。その後、1カ月の間に、アメート=ハーンは撃墜戦果を7機に増やした。

かれは戦いの前の熱意と興奮で、地上ではふざけ、騒ぎ回ることで知られていた。毎晩、宿舎に帰るとき、空に向けて拳銃を1発撃って「生きる喜び」を表明するのが、アメート=ハーンの習慣であった。そして1942年10月の晩、第9親衛戦闘機連隊への転属が伝えられたとき、かれは空に4発を放った。新連隊は、かれを大尉として歓迎し、第3飛行隊の指揮官とした。

1943年8月に、第9親衛戦闘機連隊がエアラコブラに機種改変するまでに、アメート=ハーンはすでに個人19機、協同11機の戦果を報じ、その月の24日

には、最初のソ連邦英雄の叙勲を受けることになった。8月20日、かれは早くもカリノフカ上空で爆撃機2機を撃墜し、P-39での働きを示した。翌日、かれの編隊は12機のJu88に遭遇、かれは即座に1機を撃墜、ついで15機のHe111からなる後続の編隊と戦い、同様に1機を撃墜した。

1944年3月を通して、アメート＝ハーンの飛行隊は、クリミアに対するJu52/3mの空輸を妨げるために、ドイツ軍戦線の背後に作られた秘密飛行場に配備された。ドイツ空軍は、かれらの脆弱な輸送機はソ連戦闘機の作戦圏外を飛んでいると思いこんでいた。クリミア解放作戦の期間中、アメート＝ハーンは郷里に近いアルプカでFw190を1機撃墜した。

クリミアで最終的な勝利を得ると、アメート＝ハーンとかれの家族は第9親衛戦闘機連隊の全員を招き、3日にわたる祝宴を開いた。だが、勝利はすぐに苦々しいものとなった。スターリンはドイツ軍に協力したということで、クリミアのタタール民族全体に反逆罪を課し、中央アジアに強制移住させた。半年でかれらの3分の1が死亡した。第8航空軍のカリューキン大将の勇気ある調停のおかげで、アメート＝ハーンの家族だけは強制移住を免れたが、かれの兄弟をも救うことはできなかった。

1944年7月、第9親衛戦闘機連隊はLa-7に機種改変するため、後方へ下がり、終戦まで同機で戦った。確実ではないが、アメート＝ハーンはP-39で個人で6機、協同で8機の撃墜を記録していると思われる。かれは1945年7月に二度目のソ連邦英雄の叙勲を受けた。

第9親衛戦闘機連隊のもうひとりのP-39エースであったアレクセーイ・アレリューヒンは第69戦闘機連隊で開戦を迎え、1945年5月までには「撃墜王連隊」の副官になっていた。かれは第1飛行隊の戦闘機のスピナーを赤く塗ったが、このやり方はたちまち第9親衛飛行連隊の他の飛行隊にも波及し、飛行隊ごとに好きな色が塗られることになった。1943年1月、かれは第1飛行隊の指揮官となった。1943年8月24日にソ連邦英雄の称号を獲得するまでに、かれはI-16と、Yak-1で個人11機、協同6機の戦果を報じていたが、1943年11月に二度目のソ連邦英雄の叙勲を受けたとき、かれの戦果は26機に増加していた（その大部分はP-39によって報じた戦果だった）。

1944年5月、アレリューヒンはクリミア上空でFw190を1機撃墜、しかしかれのP-39も損傷していたため脱出を強いられた。かれは揺れながら、すでに砲火を交えていたドイツ軍とソ連軍の中間地域に降り、かれを捕まえようと戦闘はいっそう激化したが、幸いにもソ連側が勝ち、アレリューヒンは救出された。

7月、かれの連隊はLa-7に機種改変するため前線から下がり、アレリューヒンは副官に昇進した。10月、第9親衛戦闘機連隊は東プロイセンの前線に復帰、そして終戦までにアレクセーイ・アレリューヒンは出撃601回を果たし、個人で40機、協同で17機の戦果をあげた（うち26機と、11機はP-39によるもの）。さらに重要なことは、かれは未熟な操縦者の良き教師でもあり、数多くのエースが初めての戦果をあげる手助けをしたということであろう。

ヴラディーミル・ラヴリニェーンコフも第9親衛戦闘機連隊の代表的エースのひとりだった。開戦時、教官をしていたかれは前線に出たくて仕方がなかったのだが、やっと実戦部隊に配属されると、1942年の春に最初のYak-1が届くまで、時代物のI-15で飛んでいた。ラヴリニェーンコフは「白の17」をあてがわれたが、かれの誕生日が（1919年）の5月17日だったので、おおいに気に入っていた。実際、戦争が終わるまでずっと、かれの乗る飛行機は皆「17」

1944年、P-39を配備された親衛連隊に勤務する氏名不詳の少尉。オリジナル写真の上に描かれていた氏名は部分的にしか残っていないし、エースや指揮官であったかどうかもわからない。
（via Russian Aviation Research Trust）

であった。
　ようやくまっとうな飛行機に乗れることになったラヴリニェーンコフは、戦果をあげはじめ、1942年10月には第9親衛戦闘機連隊に転属になる操縦者のひとりに選ばれた。1943年6月のある時、頑強に戦っていたかれは第8航空軍司令官のカリューキン大将のもとへ召喚された。地上からかれの活躍を見ていた将軍は心からラヴリニェーンコフを賞賛し、方面軍司令官であるトルブーヒン大将に紹介した。トルブーヒンは叙勲の代わりとして、かれに金時計を授けた。
　1943年8月、連隊がP-39を受領するまでにラヴリニェーンコフは上級中尉、飛行隊の副官、そしてソ連邦英雄叙勲者（1943年5月1日）となっていた。すでに個人で22機、協同で11機を落としていたが、前線に戻って何日もしないうちに、ラヴリニェーンコフはさらに3機を撃墜した。
　8月24日、かれは「白の17」を使わずに出撃するという重大な過ちを犯した。連隊長がかれに、友軍部隊を煩わせているFw189ラーマを撃墜するよう命じたのだが、「白の17」は整備中だった。連隊長は自分の「白の1」をラヴリニェーンコフに貸与した。そのラーマは格別に回避運動がうまく、かれは搭載弾薬を撃ち尽くしてしまった。
　一方、指揮所からこれを見ていた航空軍司令官カリューキン大将は無線で「17、君が見分けられない！」といい、ラヴリニェーンコフは「こちら17、今にわかります！」と答えた。
　かれは肉薄し、ラーマの尾部に翼端をぶつけたが、脱出しなければならないことになった。連隊長機を失ったそのやり方もひどいが、その報いはもっと悪く、かれの落下傘は風で西に運ばれて行った。そして着地した途端、まだ落下傘の縛帯も外さないうちにドイツ兵に捕まってしまった。ラヴリニェーンコフはドイツに向かう捕虜列車から脱走、パルチザン部隊に出会うまで東に向かって進みつづけた。ラヴリニェーンコフは、ソ連戦車隊が進撃してくるまで、ドイツ軍戦線の背後でパルチザンとともに戦いつづけた。
　ソ連の正規軍に収容されたかれは、司令部へと空輸され、カリューキン大将とトルブーヒンに帰還の申告をした。かれは連隊への復帰を熱望したが、トルブーヒン大将は肩章も着けずに戻らせるわけにはいかないといい、副官に大尉の肩章をもってこさせた。
　数日後、かれは第9親衛戦闘機連隊に帰り、英雄として大歓迎された。だが、避けがたい不快事であるスメルッシュによって空中勤務に復帰するには少し時間がかかり、10月24日までは飛べなかったが、戻った途端、ドイツの爆撃機1機を撃墜した。1944年の春を通して、かれはドイツ軍戦線背後にあった秘密基地の操縦者のひとりとして、11番目、P-39による最後の戦果として5月5日にセヴァストポリ上空でFw190の撃墜を報じた。その後、ラヴリニェーンコフはLa-7に機種を改変し、終戦までに36機撃墜を報じた。
　1943年にP-39を配備された連隊である第27戦闘機連隊は戦争の初年度はモスクワPVO戦区に所属していた。1942年の夏、同連隊はスターリングラード戦線に送られ、1943年春、P-39に機種を改変、第205戦闘機師団の傘下に入り、1943年10月8日、第129親衛戦闘機連隊に改称された。1943年4月以降、同連隊の指揮をとっていたのは、知られざる最高の撃墜王のひとり、ヴラディーミル・ボブローフであった。かれは451回出撃し、全部で30機の個人と、20機の協同撃墜を報じ、加えて地上にいたMe262を2機破壊している。

ボブローフはまたスペイン市民戦争でも126回出撃し、個人13機、協同4機の撃墜を報じている。
　かれの第二次大戦での初戦果はバルバロッサ作戦開始日に報じたもので、かれの最後の戦果は戦争最後の日に記録された。そして1941年6月から1945年5月のあいだ、かれが訓練した未熟な戦闘機乗りのうち31名がソ連邦英雄として叙勲された。かれが、ソ連邦英雄や、ずっと戦果の少ないソ連操縦者に雨霰と授けられた勲章が与えられなかったのには、いくつかの原因がある。まずひとえにその性格のためであった。かれは「政治的」あるいは単に無遠慮であったからか、歯に衣を着せないもの言いで権力者に反感をもたれ、それは長らく消えなかった。ボブローフが人の気分を害するようになったのは戦争の後半で、かれは初期の1941年、42年の戦いの後、参謀教育課程を中途にして、1943年4月4日、第27戦闘機連隊長に任命された。
　かれの連隊はクルスク戦で頭角を現わし、つづくベルゴロド、ハリコフ戦でも撃墜戦果55機を報じた。この時期の典型的な作戦中の7月6日、ボブローフが率いる10機のP-39が、12機のMe109に掩護された27機のJu87に遭遇した。その戦闘で、ソ連側は攻撃部隊を撃退し、全機が撃墜1機ずつを報じたうえ、損害はまったくこうむらなかった。1944年の初め、ボブローフは理由もはっきりしないまま連隊長を解任された。
　第27戦闘機連隊の生存者に尋ねてみると、かれは良い指揮官であると同時に、優れた戦闘機乗りで人好きのする性格であったという。ボブローフの上司が、かれに何か意趣をもっていたのはほぼ間違いなく、それはかれの経歴にその後も影響することになった。当時のソ連軍では、一度、指揮官から外された者はあたかも危険な「保菌者」であるかのように見なされ、誰もかれに新たな所属先を提供しようとはしなかった。無線交信を通してボブロー

アエロプロダクト製の4枚プロペラを装着したP-39Q-25の一部が、1944年、ベル社ニューヨークのバッファロー工場から持ち出されるのを待っている3枚プロペラの新品Q-30の列線の手前に見えている。1941年12月から1945年2月にかけて、5578機余りのP-39がソ連邦に供与された。(IWM)

フの名望を知っていたポクルイーシキンだけが、自分の影響力と個人的功績を以て、かれを自分の師団に迎え入れてくれた。5月、かれは第104親衛戦闘機連隊の指揮官となり、ボブローフは自分が十分に信頼に応えうることを示した。

かれにとって最高の日は9月にやって来た。その日、かれと僚機はHe111の編隊を攻撃、それぞれ3機ずつを撃墜したのである。終戦に到ってもまだP-39で飛んでいたボブローフの最後の戦果は、1945年5月9日、チェコスロヴァキア上空で報じられたものだった。かれは戦争の最終局面でソ連邦英雄の候補にあげられたが、まずノヴィコフ元帥、のちにはヴァーシーニン元帥によってその叙勲は拒まれた。ボブローフの不遜な態度は忘れられてはいなかったのだ。かれは1971年、世に知られぬまま亡くなった。だが、1991年3月20日、遅れ馳せながらかれの業績がボリス・エリツィンに認められ、P-39エースとしては最後にソ連邦英雄となった。

フョードル・アルヒペンコも、上司とうまくやれなかった撃墜王だった。アルヒペンコは1941年に第17戦闘機連隊に配属された。かれの部隊がドン河畔のロストフにあった戦役の初日、かれは最初のもめ事に巻き込まれた。かれと数名の操縦者は出動態勢を命じられていたが、戦いで疲れ切っていた上級部隊から存在を忘れられてしまったらしく、操縦席に入った警急姿勢のまま、交代もなく、まる3日間も放置され、かれらはそこで寝入ってしまった。

戦況が逼迫しつづけるなか、寝ている彼らを発見した軍管区司令官はただちに銃殺するよう命じた。銃殺隊の前に立たされたアルヒペンコは、部下を救うため、前線で死なせてくれたほうがいいと申し出て、連隊長の口添えもあって、操縦者たちは助命された。

アルヒペンコはドイツ軍との戦いに献身していたが、10月のある対地攻撃中、ドイツ軍戦線の背後に撃墜された戦友の救助を試みた。だが不運にも、着陸で降着装置を壊してしまったため、かれ自身もドイツ軍のなかで孤立してしまった。すぐに飛行服を民間人のものと交換して東に向かい、敵地を抜けて10日後、友軍戦線に到達した。そしてスメルッシュの尋問を受けてから連隊に復帰した。

アルヒペンコはこの時期、何機も撃墜したのだが、連隊長との間に個人的な軋轢があったため、戦果を公認してもらえなかった。たとえば、クルスクの戦いに際しては、12機を撃墜したのだが、公認されたのは、かれらの飛行場の上空で衆人環視のなかで撃ち落とした2機のみで、残りの

戦果をあげて帰還、戦友の祝福を受けるアレクサーンドル・ポクルイーシキン（中央、飛行帽を被っている）。かれの勲章と、背後のP-39の撃墜マークから、この写真が1944年に撮影されたことがわかる。
(via D Maksimov)

「火花のように星を散らした」機体の前でカメラに向かって笑う一匹狼のP-39エース、グリゴーリイ・レチカーロフ。77頁のかれのコブラの写真と違って、星にはみな白い縁どりがついているのに注目。
(via Russian Aviation Research Trust)

10機はようやく協同撃墜として認めてもらっただけだった。かれはまた、戦後まで叙勲からも除外されていた。

　クルスク戦の最中、アルヒペンコは脚と腕に負傷、特に脚の傷は医師が切断を考えたほどの重傷だった。しかし、かれは2週間で前線に復帰、今度はP-39を装備した第508戦闘機連隊の飛行隊指揮官となった。だが、アルヒペンコはまた連隊長と反りが合わず、かれはすぐに「別の厄介なエース」パーヴェル・チェピノーガと交換されてしまった。代わりにアルヒペンコは上級中尉として、第27戦闘機連隊に転属になり、第1飛行隊の指揮を任された。

　かれは、部隊のエース、ニコラーイ・グリャーエフとも次第に打ち解け、この新しい部隊ではうまくやっていけた。またアルヒペンコにとって、連隊長が、本書でも前述したように上司と厄介ごとを起こすヴラディーミル・ボブローフであったことも幸いしたのかも知れない。アルヒペンコは、かれの飛行隊の損害を最小限度に抑え、戦闘指揮官としての有能さを証明した。最良の日は、1944年3月23日に訪れた。4機のP-39を率いたかれはシュトゥーカのグルッペを邀撃、燃料がなくなってドニエストル河畔の野原に着陸するまでに8機のJu87を撃墜した。ヤッシー・キシネフ戦で、アルヒペンコは11機を撃墜するという個人戦果を報じた。終戦までに、かれは少佐に進級、連隊の副官に昇進していた。

　フョードル・アルヒペンコは467回出撃、個人撃墜30機、協同14機を記録。一度も撃墜されず、1945年6月27日にソ連邦英雄として叙勲された。

　アルヒペンコの戦友、ニコラーイ・グリャーエフもまた並外れたP-39の撃墜王であった。開戦時、かれは前線から遠く離れた防空連隊に配属されており、1942年4月まで実戦には参加しなかった。ある夜間空襲では、命令もないまま離陸、He111を1機撃墜した。1943年2月、かれは飛行小隊指揮官教育の課程を終え、第27戦闘機連隊に配属され、そこで名をあげた。

　1943年6月までに、出撃95回、個人16機、協同2機の撃墜戦果を報じ、かれは上級中尉に進級、飛行隊の副官となっていた。うち1機は、1943年5月14日にタラーン攻撃で落とした戦果であった。グリャーエフはシュトゥーカの編隊を迎え撃ち、その編隊指揮官機を撃墜した。次いで2機目を攻撃、その後方射手は沈黙させたものの、弾薬を撃ち尽くしてしまったため、接近し、そのJu87に翼をぶつけたのである。かれの機体も損傷したので、脱出することになった。

　かれがはクルスクの戦いで、特に脚光を浴びた。この戦争の転回点ともなった会戦の初日である7月の5日、かれは6回出撃、撃墜4機を報じたのである。6日にはFw190を1機撃墜、7日には個人戦果としてJu87撃墜1機を報じ、協同戦果としてFw189と、Hs126各1機の撃墜を報じた。そして8日にはMe109を1機、9日にはベルゴロド上空で爆撃機2機を撃墜し、うち1機は体当たりで落とした。3日後、かれは第2飛行隊の指揮官に昇進した。

　連隊は8月に前線復帰する前に、

グリゴーリイ・レチカーロフのコブラの前に並ぶ有名なエース4名。左から、アレクサーンドル・クルーボフ大尉、グリゴーリイ・レチカーロフ少佐、アンドレーイ・トルッド中尉、ボリース・グリーンカ少佐。グリーンカが少佐の肩章を着けていることから、この写真は、かれが少佐に進級、レチカーロフに代わって第16親衛戦闘機連隊の指揮をとるようになった6月の初旬から、P-39から脱出する際に重傷を負ってしまった7月15日までの間に撮られたに違いないことがわかる、またレチカーロフの制服にだけ、ソ連邦英雄の金色の星が見えることから撮影されたのは7月1日以前に絞り込まれる。おそらく、連隊の指揮官交代の直後に、連隊が和気藹々としているところを公開するために撮られたのであろう。操縦者たちは誰ひとり、心から楽しそうにはみえないが! (via Petrov)

このP39N-0、42-9033は、まず最初はイワーン・ババック、次いでグリゴーリイ・ドールニコフ、いずれも第100親衛戦闘機連隊の高位エースが使った機体として有名である。この写真と次頁の写真はババックが行方不明となった1945年4月22日以降の、ベルリン陥落か、ドイツ降伏後に撮影されたことが明らかである。戦闘機左側に描かれている文字は、このP-39の本当の贈り主は米国の納税者だったにもかかわらず「マリウポリ学童献納機」と読める。
（via Petrov）

新型のP-39を受領するためにいったん後方に退いた。8月9日、グリャーエフはJu87を1機、翌日にはJu88を1機撃墜、2日後の12日にはMe109を2機撃墜した。この連続戦果によって、かれは9月28日、ソ連邦英雄として叙勲された。1944年1月と2月、かれはキロヴォグラード戦の対地支援で飛び、次いでコルスン・シェヴチェンコフスキイ戦に加わった。3月、グリャーエフは短い休暇で帰郷、しかし復帰した4月には2週間で撃墜10機を報じた。

この期間中の初撃墜は18日、シェラ地区で戦う地上部隊の上空掩護中に落とした2機のJu87と1機のMe109であった。そのちょうど1週間後、グリャーエフはデュボッサリー上空の作戦1回で、Fw190を4機撃墜、かれの僚機も同じ作戦で2機撃墜を報じている。さらに、かれの編隊の他の4機も1機の損害もなく、全部で5機の撃墜を報じている。

5月30日、グリャーエフはまたHs126、Ju87各1機、Me109を2機など4機撃墜を報じた。しかし、この日最後の出撃では、かれ自身も脚に負傷、かろうじて基地に帰ったが、かれの部下5機は撃墜されてしまい1名は戦死、もう1名は行方不明となってしまった。短い入院の後、かれはすぐに連隊に戻り、7月1日、個人撃墜42機、協同3機の戦果に対して二度目のソ連邦英雄の栄誉が授けられた。

1944年8月までに、グリャーエフは少佐に進級、その月の10日、11日、12日とFw190の撃墜を報じた。48時間後、かれは最後の空中戦に臨んだ。新人ひとりを僚機として飛んでいたかれはドイツ戦闘機に奇襲されひどく被弾した。負傷していたにもかかわらず、グリャーエフは戦闘から離脱するまでに敵機2機を撃墜した。飛行場に不時着したかれは、すぐ病院にかつぎ込まれ、終戦まで退院することは叶わなかった。この最後の戦果によってかれの総戦果は体当たり4機を含め、個人57機、協同3機となった。

1944年5月2日、今やポクルイーシキンの指揮下にあった第9親衛戦闘機師団は前線に復帰、ヤッシー・キシネフ戦に参加、ドイツの南方軍集団を粉砕し、ルーマニアを戦争から脱落させた。この大勝利につづいて、第9親衛戦闘機師団は北方に移動、リヴォフ、サンドミール作戦に参加、とうとうドイツ領内に侵攻した。

ポクルイーシキンは、師団長として部隊の指揮統制、管理上の責任を負っていたにもかかわらず、時間を見つけては戦闘に参加していた。7月18日、かれは撃墜2機を報じ、さらに数日後にはドイツの高高度偵察機1機を仕留めた。1944年5月までに、出撃550回、空戦137回、個人撃墜53機と協同6機、そして並外れた部隊統率能力に対して、翌月ポクルイーシキンは全軍中で初めて三度目のソ連邦英雄を授与された。

ポクルイーシキンが新たに得た役職を立派に果たしていたのに対して、かれの後継として第16親衛戦闘機連隊長となったグリゴーリイ・レチカーロフはそううまくはやれなかった。かれがその職について間もなく、操縦者のひとりが機付兵の不注意で戦死し、5月31日にはヤッシー上空での悲惨な戦闘に

イワーン・ババック、グリゴーリイ・ドールニコフのP-39N-0の右側での集合写真。ババックから機体を引き継いだ後、機首には「ピョートル・ガチョックのために」の文字が入れられた。(via Petrov)

巻き込まれた。メッサーシュミットはレチカーロフが率いる編隊と、クルーボフの掩護編隊を捕捉し、たちまち5機のP-39を撃墜。ポクルイーシキンによって第16親衛戦闘機連隊指揮官は「部下の指揮掌握に失敗、優柔不断、主導権喪失」のかどで、すぐにその地位を剥奪され、第100親衛戦闘機連隊のボリース・グリーンカがその後任となった。

　レチカーロフは、降格されたにもかかわらず、飛び続けており、6月までに出撃415回、交戦112回を記録。その個人撃墜48機、協同6機の戦果に対して、7月1日にはソ連邦英雄となった。

　2週間後の7月15日、ボリース・グリーンカは損傷したP-39から脱出する際に尾翼に衝突、負傷してしまった。鎖骨と両足を骨折してしまったかれは終戦までとうとう飛行任務には戻れなかった。そこでレチカーロフがふたたび第16親衛戦闘機連隊の指揮官となった。レチカーロフと、かれにはチームワークと規律が欠けていると信じ込んでいるポクルイーシキンとの軋轢はつづき、実際、この偉大な撃墜王は個人的な戦果と名声の追及に逸り、編隊を逸脱してしまう無規律な飛び方で悪名高かった。レチカーロフは、1945年2月、ふたたび指揮権を他に譲り、師団司令部に配属され、指揮の責任を免除されて飛び続けた。対独戦勝利の日までに、グリゴーリイ・レチカーロフは450回出撃、122回の空戦で個人撃墜56機、協同6機を報じている。

　1945年2月、第9親衛戦闘機師団はドイツ国境を越えたが、師団はさらに奥地まで侵攻するための良い飛行場を見つけられなかった。ポクルイーシキンは、ドイツのアウトバーンに着陸してみて、これが良い滑走路になりうることを確かめて、この問題を解決した。師団はかれの後につづいて着陸、すぐに高速道路から作戦するようになったが、ドイツの偵察機から隠すために飛行機は念入りに偽装された。これによってドイツ軍はおおいに狼狽したが、P-39がどこから飛んでくるのか容易には掴めなかった。

　度重なる低空偵察や、地上からきた捜索隊がとうとうアウトバーンを使ったポクルイーシキンの基地を発見した。ドイツ空軍はただちに高速道路への空襲を繰り返したが、未だ目標となる飛行機を見つけるのは難しかった。だが、地上で数機が損傷を受け、第16親衛戦闘機連隊の飛行隊指揮官のひとり、ツヴェトコーフ大尉が対地攻撃で戦死した。

　レチカーロフが第9親衛戦闘機師団の飛行訓練査察官に任命された後、イワーン・ババックが第16親衛戦闘機連隊の指揮官となったが、かれの任期は4月22日までだった。その日、対空砲火で撃墜され捕虜になってしまったのだ。捕虜になっていたのはたった2週間だったが、かれの立身の途は永久に

79

1945年8月、クレムリンで撮影されたソ連空軍最高のエースたち。ともに3つ目の金星の叙勲受けたアレクサーンドル・ポクルイーシキン（左）と、イワーン・コジェドゥーブ（それぞれ従軍徽章の上に勲章が見える）、後者は1945年8月18日、ポクルイーシキンは8月19日に叙勲された。（via Petrov）

閉ざされてしまった。しかも撃墜された日はよりによってレーニンの誕生日だったのだ。この不運によって二度目のソ連邦英雄にはなれなかったが、ポクルイーシキンの尽力によって、それ以上のものは失わずに済んだ。ババックは捕虜になるまでに330回出撃し、個人で33機、協同で4機の撃墜戦果を報じていた。

　第100親衛戦闘機連隊の15機撃墜のエース、ミハイール・ペトローヴも戦争末期、邀撃作戦に出て、奇妙な経験をした。かれは地上からの針路誘導にしたがってドイツ軍編隊を追っていたが、目標を視界内に捕らえると無線で「2階建ての妙な飛行機」、枠で繋がれたメッサーシュミットを背負ったユンカース爆撃機で、エンジン3基が回っていると報告した。師団の情報将校がこれをポクルイーシキンに知らせると、かれは戦闘機だけを慎重に狙って撃墜せよと命じた。ペトローフがそうすると「ミステル」は墜落し、もの凄い勢いで爆発した。

　ポクルイーシキンは対独戦勝利の日まで飛び続けたが、出撃650回、空戦156回を記録した。かれが公式に認められた撃墜戦果は個人59機、協同6機、かれは実際には72機を落としたと主張しているが、いずれも敵領内深くに落ちているので確認ができなかったのである。また、撃墜戦果の他に、かれの指揮下にあった操縦者30名がソ連邦英雄となり、うち何人かは二度にわたってその叙勲を受けている。ソ連最高位のエースは、ポクルイーシキンの59機と何機かの協同撃墜を越える62機を撃墜したイワーン・コジェドゥーブだが、もっと重要なのは、エースたちを育て上げたポクルイーシキンはソ連空軍にとって「ベルケとリヒトホーフェンを併せ持つ」存在であったということである。

## chapter 8
# 塗装とマーキング
camouflage and markings

　ソ連軍は大戦を通して、レンドリース機の塗装は国籍標識を変えただけで、そのまま（一時的な冬季塗装は除いて）で使っていた。つまり、英国から積み出されたエアラコブラは英国空軍の標準迷彩塗装であるダークグリーンと、ダークシーグレイで上面を塗り、下面はミディアム・シーグレイ、そしてスピナーはたいがいスカイ・タイプSであった。そして、初期のエアラコブラI型には、わずかではあったがスカイ・タイプSで胴体に描かれた帯が残っている場合もあった。さらに、AH、AP、BX、そしてBWからはじまる英国のシリアルナンバーは全機に残されていた。

　英国の国籍標識は、戦闘機がソ連に到着したとき、上面のラウンデルは「ロシア」のグリーンA－24m（おおむねFSN34102だが、34095から34151にも近く、現地で調色されたものと思われる）で、そして下面はライトブルーA－28m（FSN25190）で、マークの部分だけを塗りつぶされた。塗りつぶされた部分に描かれたソ連の赤い星は、1941年の終わりから、1942年の初期にかけては、縁なしだが、場合によっては細い黒線で縁どりされていた。

　1942年の後半には、白く細い線で縁どりされた昔ながらの赤星が描かれるようになり、1943年にはそれが標準的なかたちとなった。縁どりは白ではなく、まれにではあるが黄色で塗られる場合もあった。ソ連では二桁の「ボルト」番号が、機体または尾翼、あるいは機首に描かれるのが慣例となっていた。これら機体番号の描き方は各連隊の裁量に任されていたようで、たとえば第19親衛戦闘機連隊は、かれらのコブラの垂直尾翼に白で大きくキリル文字を入れていた。エアラコブラを飛ばしていた他の連隊の番号についてはわからないが、まだ兵站部や補給所にいる時点ではまったく番号は施されていない。

　米国のP－39は、標準的なダーク・オリーヴドラブで上面を、下面はニュー

このP－39Q－15は、機体の帯とスピナーの色がミディアム・ブルーなら第68親衛戦闘機連隊、赤なら第72親衛戦闘機連隊の所属である。両、親衛戦闘機連隊はともに第5親衛戦闘機師団の所属であった。

トラル・グレイで塗られた状態で到着した。さらに米国の国籍標識が4カ所（機体と左翼上面、右翼下面）、そして各機とも垂直尾翼に黄色で6桁のシリアル・ナンバーを描いていた。ソ連軍は、P-39Dおよび、後期型の多くで、米軍標識を塗りつぶす手間を省いていた。単に、ダークブルーの円の中にあった白い星を赤く塗っただけで済ましていたが、もとの星よりはわずかに大きく、端は円からはみ出ていた。

またこれらのエアラコブラの星には縁がないか、細い黒縁がつき、白縁は後期になって登場した。主翼は非対象で、片側はダークブルーの円の中に赤星、片側は直接赤い星が描かれていた。黄色のシリアルナンバーはたいがいそのまま残され、「ボルト」番号はたいていは白で、普通は胴体の国籍標識の後方に入れられた。シリアルナンバーと米国の国籍標識はロシアングリーンで塗りつぶされている場合もある。この塗りつぶし作業は部隊の都合で実施されたものなので、モデラー諸氏がそれほど気にするようなことではない。

開戦後に作られた機体が増加し、とくにP-39では、まだ生産ラインにある時点で、ロシア向けのマーキングが入れられる例が見られるようになった。ベル社の工場で作られた機体ではロシアの国籍標識が、ダークブルーの円や、それを塗りつぶしたロシアングリーンの地なしで「ソ連の伝統的赤星」がオリーヴドラブの地に直接描かれた。

1943年9月11日から、ソ連の赤星は公式に50mmの白い縁の外側に10mmの赤い縁を描くという方式に改められた。この日以降も、ダークブルーの円の中に描かれた赤星の例は見つけることができるが、白い縁どりの周囲には赤い縁どりが施されている。

1944年のある時期、またソ連の国籍標識は過渡期を迎え、赤星は白い円の中に、普通は機体の6カ所に描かれるようになった。写真に写された例は少なく、この塗装はソ連に着いてから施されたものと思われる。だが、何機かのコブラがこんな国籍標識をまとって実際に前線に赴いたことは、1945年に

このP-39は1943年に、クラスノヤルスクの労働者が第21親衛戦闘機連隊に献納した6機のP-39のうちの1機である。機体のスローガンは「クラスノヤルスク青年共産同盟」と読める。この戦闘機は連隊がウクライナの前線に戻る前にシベリアで撮影された。（via Petrov）

ドイツのアウトバーンから離陸するポクルイーシキンの師団に属する後期のP-39の有名な写真からも明らかである。これらの国籍標識は並行して使われていたため、単一連隊の列線の中にもさまざまな赤星が見られたであろう。

さらに一般的でないソ連の国籍標識としては、赤星の縁どりと「ボルト」番号を、白の代わりに銀（またはアルミニウム）色で塗った例が最近確認されている。フィンランドの森から回収されフィンランド空軍博物館（ティッカコスキ）で復元された第191戦闘機連隊の所属機と思われる戦闘機は、白い円の中に銀色と細い赤線で縁取られた赤星という、二重に一般的でない国籍標識が描かれていた。第191戦闘機連隊の他の機体は、銀色の縁どりは用いているが「過渡期の白い円」は使っていない。またこの連隊は、P-39N型の方向舵を銀色に塗っており、機首、操縦席の直前に銀色で「ボルト」番号を描いている。

エアラコブラ塗装の地域的なバリエーションに冬季の白色迷彩があるが、これは滅多に見られないものであった。一時的に施されるロシアの白色迷彩は（機体の表面抵抗を増して）飛行性能を阻害するものとして悪名高く、どうしても必要な時以外には用いられなかった。訓練部隊はこの件で煩わされることはなかったし、1942年の5月に最初にエアラコブラIで実戦に参加した第19親衛戦闘機連隊も同様だった。

1943～44年の冬までに、ソ連空軍は空での優勢を確保していたので、もはや多くの航空機に厄介な白色塗装を施す必要は感じていなかった。1942～43年の冬、レニングラードとカレリヤ方面で戦っていた連隊がP-39に白色迷彩を行っていたのは例外的といえる。だが、ここにも例外があり、ある連隊はこの「人工の白」を嫌い、機体をメタリックで塗っていた！　白で塗られた場合も、メタリックで仕上げられた場合も「ボルト」番号はふつう赤で描かれた。

戦後の出版物が、英国空軍から渡されたエアラコブラIがダークグリーンと、ダークアースで迷彩された状態で作戦に参加したと記述したため、この誤りが定着してしまった。しかし、英国から到着したコブラは全機がもっと新

第17戦闘機連隊のヴャチェスラーフ・シローティン少佐は、素晴らしく飾り立てられたP-39に乗って1944年後半、バルチック戦線とポーランド北部で戦った。330回以上も出撃した古強者であるシローティンはすべてP-39によって撃墜26機を報じた。ドイツ降伏後、第17戦闘機連隊はP-63キングコブラに機種を改変、第12航空軍の傘下に入り、東に向かい、シローティンは日本軍に対する短い戦闘に参加した。この短期間の戦いで、かれの僚機はP-63による唯一の撃墜戦果を報じている。(via Petrov)

しいダークグリーンと、オーシャングレイで塗られていたのである。ソ連邦が使った迷彩された機体はすべてが、米国にあったP-400の在庫から直接に供給されたものであった。
　ソ連のP-39のマーキングとしては、さらに編隊飛行に必要な標識と、個人マーク、そして寄贈者の記名などが知られている。1943年後半には、功績のある目立つ部隊が部隊マーキングを使いだし、1944年にはより多くの部隊がそれに倣った。たとえば、1943年の秋、ポクルイーシキンの第16親衛戦闘機連隊はP-39の尾翼頂部を赤く塗った。一方、同じ師団の第100親衛戦闘機連隊は、まったく同じ箇所を、白く塗った。最終的には、頂部を白く塗っていた第16親衛戦闘機連隊の飛行機も赤で縁どりをしたようだ。あるいはそれは第9親衛戦闘機師団の本部編隊であったのかもしれない。
　第5親衛戦闘機師団、第68親衛戦闘機連隊のP-39は胴体後部を白縁をつけたミディアム・ブルーの帯で飾り立て、スピナーも同じ色で塗り、「ボルト」番号は機首に描いていた。第5親衛戦闘機師団、第72親衛戦闘機連隊も色は異なるが同じ様式のマーキングを行っていた。写真は残っていないが、第28親衛戦闘機連隊と、第67親衛戦闘機連隊も違う色と同じマーキングをしていた。これらの証拠写真が将来発見されても特に驚くべきことではないだろう。しかし、黄色い胴体帯だけはドイツ空軍の識別帯と間違えられかねないので、ほぼあり得ないだろう。他の部隊は、部隊標識としてあるいは一時的な戦術標識として、幅の狭い、あるいは広い斜めの帯を垂直安定板から方向舵にかけて描いていた。その他、北海艦隊航空隊の第255戦闘機連隊が、第100親衛戦闘機連隊と同じように、尾翼の頂部を白く塗り部隊マーキング

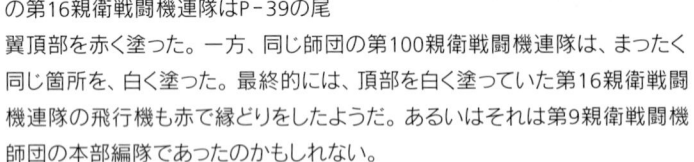

1944年9月、ポーランドで、第104親衛戦闘機連隊のアレクセーイ・ザカリュークが愛機からカメラに向かって微笑んでいる。このエースは第二次大戦中、594回出撃し90回空戦し、敵機16機を撃墜した。(via Petrov)

この写真の操縦者は無名のエース、F.I.シクノーフ中尉である。操縦席のドアにはネフスキイ勲章の絵が描かれていること、また機首の番号から同機が第9親衛戦闘機師団、第69親衛戦闘機連隊の所属であるとわかる。シクノーフは同連隊で戦い、1944年から45年にかけて少なくとも25機の撃墜を報じている。(via Petrov)

としていた例が知られている。

　エアラコブラIのスピナーがスカイ・タイプSに塗られて到着したのに対して、米国からのP－39は迷彩色で塗られていた。そこで、ソ連軍は師団内の連隊別を示すためスピナーにさまざまな色をつけるか、メタリックに塗り磨き上げたりした。第9親衛戦闘機連隊所属機のスピナーは飛行隊ごとに色を変えられ、アレリューヒンの第1飛行隊は赤、コヴァチェヴィッチの第2飛行隊は青、アメート＝ハーンの第3飛行隊は黄色だった。

　親衛連隊は赤を好み、第55親衛戦闘機連隊はYak－1を飛ばしていた頃から、その所属機のスピナーを赤く塗っていたので、そこで確実ではないが、同連隊が機種をP－39に改変してからもスピナーを赤くしていた可能性は非常に高い。

　レンドリース機であるP－39に、ソ連市民が自発的に同機を購入、ソ連空軍に寄贈したとする書き込みがなされているのは、実際にそれらのP－39を購入した米国の納税者には腹立たしい限りであった。たとえば、第21親衛戦闘機連隊のP－39、10機のうち、4機はクラスノヤスク青年共産同盟員が、4機はクラスノヤスク労働者、2機にはクラスノヤスク集団農場員が寄贈したとの書き込みがある。これら献納機には「ボルト」番号は描かれていない。

　機体には個人標識もあった。許可や奨励するにせよ、禁止するにせよ、個人標識や、スローガンの書き込みはまったく師団、あるいは連隊指揮官の裁量に任されていた。第11親衛戦闘機連隊ChFの指揮官、K・D・デニーソフはその回想録で、自分はそのような個人主義は容認しなかったと明言している。だが、ポクルイーシキンの第9親衛戦闘機師団や、第16親衛戦闘機連隊では個人標識を描いた例が数多く、描くことを奨励していたのではないかと思えるほどであった。たとえばザカリュークの「虎」、グラーフィンの「スペードのエース」、ボブロフの「お化け」などが知られているが、中でももっとも派手なのはイワーン・ババックが飛ばしグリゴーリイ・ドールニコフに引き継いだ機体であった。

　さて、最後に撃墜マークについて触れよう。ソ連では各戦果を小さな赤星で示しており、描く場所は機種、あるいは操縦者の好みや、部隊の慣例からさまざまであった。P－39の場合は、操縦席の下、排気管の上、操縦席のドア、機首などに描かれる場合が多かった。操縦者によってはエースの特権として、星の色を一色ではなく、白と赤、または黄色と赤などで描き、それによって個人撃墜か、協同撃墜か、あるいは落としたのが戦闘機であるのか爆撃機であるのかなどを区別していた。

# 付録
## appendices

■付録1
### P-39かP-400で1機以上を撃墜した米陸軍航空隊のエース

| 氏名 | P-39の戦果 | 総戦果 |
|---|---|---|
| ウィリアム・F・フィドラーJr中尉 | 5 | 5 |
| フランシス・E・ダバイシャー大尉 | 4 | 5 |
| トーマス・J・リンチ中尉 | 3 | 20 |
| ドナルド・C・マクギー中尉 | 3* | 6 |
| ジョン・W・ミッチェル大尉 | 3 | 11 |
| ボイド・D・ワグナー大佐 | 3 | 8 |
| ショージ・S・ウェルチ中尉 | 3 | 16 |
| ポール・S・ビッチェル少佐 | 2 | 5 |
| ヒュー・D・ダウ中尉 | 2** | 2 |
| アルヴァロー・J・ハンター中尉 | 2 | 5 |
| ウィリアム・F・マクドノー中尉 | 2 | 5 |
| ダニエル・T・ロバーツ中尉 | 2 | 14 |
| クリフトン・H・トロクセル中尉 | 2 | 5 |
| ロバート・R・イェーガー中尉 | 2 | 5 |
| フランク・エイドキンス中尉 | 1 | 5 |
| ジード・D・フォンテイン中尉 | 1*** | 4.5不確実 |
| グローヴァー・D・ゴールソン中尉 | 1 | 5 |
| ヴェール・E・ジェット中尉 | 1 | 7 |
| カレン・L・ジョーンズ中尉 | 1 | 5 |
| ジョーゼフ・T・マッケーン中尉 | 1 | 6 |
| ウィリアム・H・ストランド中尉 | 1 | 7 |
| リチャード・C・スウェア中尉 | 1 | 5 |
| チャールズ・P・サリヴァン中尉 | 1 | 5 |

注
*P-39で5機を落としたと主張している
**地中海ではおそらくP-39で最大の戦果
***部隊の記録では撃墜5.5機

■付録2
### レンドリースによってソ連邦へ供与されたP-39エアラコブラ

| エアラコブラI | 212機送ったうちの158機 |
|---|---|
| P-39D | 108機 |
| P-39K | 40機 |
| P-39L | 137機 |
| P-39M | 157機 |
| P-39N | 1113機 |
| P-39Q | 3291機 |

■付録3
### 確認できるP-39エアラコブラ部隊

第6親衛戦闘機軍団
第9親衛戦闘機師団・第16、第100親衛戦闘機連隊(および1944年11月からはLa-7装備となった第159親衛戦闘機連隊)
第22親衛戦闘機師団・第129、第212、第213親衛戦闘機連隊
第1親衛戦闘機師団・第54、第55親衛戦闘機連隊(および、Yak-9装備の第53、第56親衛戦闘機連隊)
第5親衛戦闘機師団・第28、第67、第72親衛戦闘機連隊
第1親衛地上攻撃機師団・第19、第20親衛戦闘機連隊
(および、Iℓ-2装備の第17親衛地上攻撃機連隊と、Pe-2装備の第114親衛爆撃機連隊)
第141戦闘機師団-PVO・第631、第908戦闘機連隊
第190戦闘機師団・第17、第821戦闘機連隊
第273戦闘機師団・第30親衛戦闘機連隊、第352戦闘機連隊
第329戦闘機師団・第57、101親衛戦闘機連隊と第66戦闘機連隊
第2親衛戦闘機軍団-PVO・第102、第103、第403戦闘機連隊(および、La-5装備の第11親衛戦闘機連隊と、スピットファイアとYak-9装備の第26、第27親衛戦闘機連隊)
第9親衛戦闘機連隊(第303戦闘機師団)
第9戦闘機連隊(確実ではないが、おそらく第304地上攻撃機師団の所属)
第28戦闘機連隊(第318戦闘機師団-PVO)
第185戦闘機連隊(1942年8月解隊)
第191戦闘機連隊(第275戦闘機師団)
第196戦闘機連隊(第324戦闘機師団)
第246戦闘機連隊(第215戦闘機師団)
第266戦闘機連隊(第101戦闘機軍団-PVO)
第295戦闘機連隊(不詳)
第416戦闘機連隊(おそらく解隊)
第484戦闘機連隊(第323戦闘機師団)
第494戦闘機連隊(第303戦闘機師団)
第738戦闘機連隊(第129戦闘機師団-PVO)

注
*このリストには、親衛連隊になる前の連隊名は含まれていない

### 海軍部隊
第6戦闘機師団-SF
第2親衛戦闘機連隊-SF、第27、第781戦闘機連隊-SF
第11親衛戦闘機連隊-ChF(第2親衛水上戦闘師団)
第20戦闘機連隊-SF(14SAD-SF)
第31戦闘機連隊-TOF(16SAD)
第43戦闘機連隊-ChF(13PBAD)
第255戦闘機連隊-SF(第1親衛水上師団-SF)

■付録4
## ソ連空軍のP-39エース

| 氏名 | 階級 | 叙勲 | 部隊 | 戦果(個人/協同) | 出撃/空戦 | 戦死日付 |
|---|---|---|---|---|---|---|
| ヴァシーリイ・セミョーノヴィッチ・アドンキン | 少佐 | ソ連邦英雄 | 第78戦闘機連隊-SF | 16/6機(一部がP-39による) | 35/42 | 1944年3月17日 |
| S・V・ブキャンジン | 少尉 | — | 第129親衛戦闘機連隊 | 7機 | 70/12 | 1944年5月30日 |
| アレクセーイ・ヴァシーリエヴィッチ・アレリューヒン | 大佐 | ソ連邦英雄2回 | 第9親衛戦闘機連隊 | 40/17 (26/11かP-39によるもの?) | 601/258 | — |
| スルターン・アメトハーン | 少佐 | ソ連邦英雄2回 | 第9親衛戦闘機連隊 | 30/19 (おそらく6/8かがP-39によるもの) | 603/150 | — |
| フョードル・フョードロヴィッチ・アルヒペンコ | 大尉 | ソ連邦英雄 | 第129親衛戦闘機連隊 | 30/14 (26/4かP-39) | 467/102 | — |
| イワン・アスキレンコ | 不明 | 不明 | 第438戦闘機連隊 | 5 (4機かP-39、1機はクラーン) | 不明 | 1944年4月・捕虜? |
| アレクサンドル・フョードロヴィッチ・アグラーエフ | 上級中尉 | ソ連邦英雄 | 第153戦闘機連隊 | 11 | 189/? | 1943年10月2日 |
| アレクサンドル・イワーノヴィッチ・バハーエフ | 大尉 | ソ連邦英雄 | 第196戦闘機連隊 | 9/1 | 260/48 | — |
| イワン・イリイッチ・バビック | 大尉 | ソ連邦英雄 | 第100親衛戦闘機連隊 | 33/4 (1機はYak-1による) | 330/103 | — |
| ゲオールギイ・イワーノヴィッチ・バイコフ | 少佐 | ソ連邦英雄 | 第9親衛戦闘機連隊 | 15/5 (1/5がP-39とLa-7による) | 244/50 | — |
| イワーン・フョードロヴィッチ・バリュック | 大尉 | ソ連邦英雄 | 第54親衛戦闘機連隊 | 25/5 (8/2はP-39による) | 500/135以上 | — |
| ヴァシーリイ・セルゲーエヴィッチ・バチヤーエフ | 大尉 | ソ連邦英雄 | 第129親衛戦闘機連隊 | 19/7 (何機かは16と、LaGG、Yak-1による) | 639/234 | — |
| ミハイール・ヴァシーリエヴィッチ・ベカシュノック | 大尉 | ソ連邦英雄 | 第54親衛戦闘機連隊 | 18/4 | 170/50 | — |
| チチコー・カイサーロヴィッチ・ベンデリアーニ | 少佐 | ソ連邦英雄 | 第54親衛戦闘機連隊 | 12/20 (5/8はP-39) | 400/90 | 1944年7月20日 |
| パーヴェル・マクシーモヴィッチ・ベレストニョーニ | 上級中尉 | ソ連邦英雄 | 第100親衛戦闘機連隊 | 12/12 (何機かはYak) | 131/32以上 | — |
| アレクサンドル・マクシーモヴィッチ・ペールィシノフ | 少佐 | ソ連邦英雄 | 第101親衛戦闘機連隊 | 15 | 332/68以上 | — |
| ヴァチェスラーヴ・A・ベリョースキン | 少尉 | — | 第16親衛戦闘機連隊 | 12 (1機はクラーン) | — | — |
| アレクサンドル・ドミートリエヴィッチ・ビリューキン | 大尉 | ソ連邦英雄 | 第196戦闘機連隊 | 23/1 (何機かは16と、P-40) | 430/35 | — |
| グラディーミル・イワーノヴィッチ・ボブローフ | 中佐 | ソ連邦英雄 | 第129ご | 30/20 (およびスペイン内乱で13/4) | 451/112 | — |
| イワーン・ヴァシーリエヴィエヴィッチ・ボチャーニ | 大尉 | ソ連邦英雄 | 第19親衛戦闘機連隊 | 8/32 | 350/50 | 1943年4月4日 |
| グリゴーリイ・アレクサンドロヴィッチ・ブルマード・ボゴマーゾフ | 上級中尉 | ソ連邦英雄 | 第103親衛戦闘機連隊 | 15/4 (何機かは別機種で) | 400/60 | — |
| ニコーリイ・アンドレーエヴィッチ・ボーキィ | 上級中尉 | ソ連邦英雄 | 第2親衛戦闘機連隊-SF | 17/1 (8機はP-39) | 385/30 | — |
| ヴァシーリイ・エフィーモヴィッチ・ボンダレーンコ | 上級中尉 | ソ連邦英雄 | 第16親衛戦闘機連隊 | 24 (19機はP-39) | 324/68 | — |
| イワーン・グリゴーリエヴィッチ・ボリーソフ | 上級中尉 | ソ連邦英雄 | 第9親衛戦闘機連隊 | 25/8 | 250/86 | — |
| S・Z・ブッヂチン | 少尉 | — | 第129親衛戦闘機連隊 | 12/2 | 116/37 | — |
| N・F・ブルィゾノ | 中尉 | — | 第129親衛戦闘機連隊 | 8 | 99/16 | 1944年5月31日 |
| グラティーミル・アレクサンドロヴィッチ・ブルマート | 上級中尉 | ソ連邦英雄 | 第255戦闘機連隊-SF | 12/1 | 191/43 | — |
| ミハイール・E・ヴィチューコフ | 中尉 | — | 第20親衛戦闘機連隊 | 6/7 (何機かはP-40) | 不明 | 1943年9月23日 |
| レオニード・アレクサーンドロヴィッチ・ヴィコヴィッツ | 上級中尉 | ソ連邦英雄 | 第28親衛戦闘機連隊 | 19/4 | 220/? | — |
| Yu・M・チャブリーエフ | 不明 | — | 第213親衛戦闘機連隊 | 9以上 | 不明 | — |
| パーヴェル・ヨーシフォヴィッチ・チュビーノガ | 大尉 | ソ連邦英雄 | 第213親衛戦闘機連隊 | 24/1 (何機かはYak-1) | 100以上/? | — |
| ニコーリイ・クプリヤーノヴィッチ・デストーヴ | 大尉 | ソ連邦英雄 | 第16親衛戦闘機連隊 | 19 | 300/? | — |
| ヴァシーリイ・イワーノヴィッチ・チッジ | 大尉 | — | 第69親衛戦闘機連隊 | 13 | 253/53 | — |
| ニコラーイ・クプリヤーノヴィッチ・デレヴィ | 中佐 | ソ連邦英雄 | 第213親衛戦闘機連隊 | 15/3 | 200/30 | — |
| デミトィーレイ・パーヴロヴィッチ・ヴァチーロヴィッチ・ヴァサーエフ | 上級中尉 | ソ連邦英雄(1957年) | 第104親衛戦闘機連隊 | 9 (おそらく6機がP-39) | 不明 | 1944年7月13日・捕虜・脱走 |
| ニコラーイ・マトヴィーエヴィッチ・ディチェーンコ | 上級中尉 | ソ連邦英雄 | 第2親衛戦闘機連隊-SF | 15 | 378/50 | — |
| グリゴーリイ・フョドセーエヴィッチ・ドミトリュック | 上級中尉 | ソ連邦英雄 | 第19親衛戦闘機連隊 | 18 (何機かはP-40、朝鮮戦争でもエースとなった) | 206/37 | — |

付録

| 氏名 | 階級 | 叙勲 | 部隊 | 戦果(個人/協同) | 出撃/空戦 | 戦死日付 |
|---|---|---|---|---|---|---|
| グリゴーリイ・ウスティーノヴィッチ・ドールニコフ | 不明 | ソ連邦英雄 | 第100親衛戦闘機連隊-SF | 15/1 | 160/42 | - |
| ヴァシーリイ・ステパーノヴィッチ・ドヴォージン | 大尉 | - | 第78親衛戦闘機連隊 | 8 | 不明 | 1943年6月23日 |
| ニコラーイ・ドミートリエヴィッチ・ドルイーギン | 大尉 | ソ連邦英雄 | 第104親衛戦闘機連隊 | 20/5 (2機はYak-1) | 261/40以上 | - |
| イブラギン・マゴメトヴィッチ・ズーソフ | 少将 | ソ連邦英雄 | 第100親衛戦闘機連隊 | 6 (YakとP-40でも飛んでいた) | 89/11 | - |
| ヴィークトル・ドミートリエヴィッチ・エドキン | 少佐 | ソ連邦英雄 | 第72親衛戦闘機連隊 | 15/3と気球2 (Yak-7とハリケーンで7機以上) | 271/66 | - |
| アレクセーイ・アレクサーンドロヴィッチ・エゴーロフ | 大尉 | ソ連邦英雄 | 第212親衛戦闘機連隊 | 24/7 (8機はYak-7) | 256/70 | 不明 |
| セルゲーイ・ミルステパーノヴィッチ・エリザーロフ | 上級中尉 | 赤旗勲章 | 第67親衛戦闘機連隊 | 15 (6機はハリケーンとP-40) | 220/70 | - |
| パーヴェル・クジミッチ・エリユーモ | 大尉 | ソ連邦英雄 | 第9親衛戦闘機連隊 | 15/3 | 不明 | - |
| ヴァチーム・イヴァーノヴィッチ・ファーデエフ | 大尉 | ソ連邦英雄 | 第16親衛戦闘機連隊 | 18/3 (6/1はP-40とYak-1) | 400/50 | 1943年5月5日 |
| イーゴル・アレクサーンドロヴィッチ・フェドチューク | 中尉 | ソ連邦英雄 | 第67親衛戦闘機連隊 | 15 (何機かはP-40) | 136/? | - |
| ヴァレンティーン・アレクセーエヴィッチ・フィギチェフ | 少佐 | ソ連邦英雄 | 第129,16親衛戦闘機連隊 | 21 (何機かはミグとYak-1) | 136/? | - |
| アレクサーンドル・ペトローヴィッチ・フィラートフ | 大尉 | ソ連邦英雄 | 第30親衛戦闘機連隊 | 21/4 | 175/35 | - |
| A・P・フィラートフ | 上級中尉 | - | 第67親衛戦闘機連隊 | 5以上 | 不明 | 1945年4月20日 |
| コンスタンティーン・フョードロヴィッチ・フォームチェンコフ | 大尉 | ソ連邦英雄 | 第19親衛戦闘機師団 | 9/26 (何機かはLaGG) | 不明 | 1944年2月24日 |
| アルカーディイ・ヴァシーリエヴィッチ・フョードロフ | 大尉 | ソ連邦英雄 | 第16親衛戦闘機連隊 | 24/18 (何機かは他機種) | 554/183 | - |
| イワーン・ドミートリエヴィッチ・ガイダエンコ | 大尉 | ソ連邦英雄 | 第19親衛戦闘機連隊 | 7/23 | 不明 | - |
| ボリース・ボリーソヴィッチ・グリーンカ | 少佐 | ソ連邦英雄 | 第100親衛戦闘機連隊 | 30 | 200以上/? | - |
| ドミートリイ・ボリーソヴィッチ・グリーンカ | 少佐 | ソ連邦英雄2回 | 第100親衛戦闘機連隊 | 50 | 300以上/90 | - |
| ニコラーイ・イワーノヴィッチ・グローホ | 上級中尉 | ソ連邦英雄 | 第129親衛戦闘機連隊 | 16/8 | 203/33 | - |
| パーヴェル・ヤーコブレヴィッチ・ゴロヴァチョーフ | 大尉 | ソ連邦英雄2回 | 第9親衛戦闘機連隊 | 31/1 (LaGGとYak-1, La-7で多数) | 457/125 | - |
| ダオールギイ・ゴルデーエヴィッチ・ゴルベフ | 上級中尉 | ソ連邦英雄 | 第16親衛戦闘機連隊 | 12 | 252/56 | - |
| コルンジューク | 中尉 | - | 第21親衛戦闘機連隊 | 11 | 不明 | - |
| レオニット・イワーノヴィッチ・ゴレグリャード | 中佐 | ソ連邦英雄 | 第22親衛戦闘機師団 | 15/16 | 132/53 | - |
| イワーン・ペトローヴィッチ・グラチョーフ | 少佐 | ソ連邦英雄2回 | 第28、68親衛戦闘機連隊 | 18/8 (7/4はP-39、タラーン1機) | 203/94 | 1944年9月14日 |
| イオーシフ・イグナーティエヴィッチ・グリーシン | 上級中尉 | ソ連邦英雄 | 第104親衛戦闘機連隊 | 19 | 200/? | 1945年2月28日 |
| ピョートル・イオシフォヴィッチ・ガチョック | 上級中尉 | ソ連邦英雄 | 第100親衛戦闘機連隊 | 18/3 | 209/56 | 1945年4月18日 |
| ニコラーイ・ドミートリエヴィッチ・グラーエフ | 少佐 | ソ連邦英雄2回 | 第129親衛戦闘機連隊 | 57/3 (タラーン4回, P-39による32機のうちタラーン2機) | 248/69 | - |
| ハザーン・シンザーエドヴィッチ・イバトゥーリン | 中佐 | - | 第30親衛戦闘機連隊 | 15 (おそらく12機かP-39) | 456/? | - |
| ニコラーイ・ミハーイロヴィッチ・イースクリン | 上級中尉 | ソ連邦英雄 | 第16親衛戦闘機連隊 | 16/1 (6機かP-39) | 456/? | - |
| パーヴェル・ミハーイロヴィッチ・カモージン | 大尉 | ソ連邦英雄2回 | 第66、101親衛戦闘機連隊 | 35/13 (少なくとも23/6はP-39) | 200/70 | - |
| アレクサーンドル・ニキートヴィッチ・カラセーヴ | 上級中尉 | ソ連邦英雄 | 第9親衛戦闘機連隊 | 30/11 (14/9はYak-1、朝鮮で7機) | 380/112 | 1944年4月7日・捕虜 |
| アレクサーンドル・アンドレーエヴィッチ・カルポフ | 上級中尉 | ソ連邦英雄2回 | 第129親衛戦闘機連隊 | 18/4 | 172/44 | 1944年10月20日 |
| アレクサーンドル・レオーンティエヴィッチ・カルミン | 少佐 | ソ連邦英雄 | 第129親衛戦闘機連隊 | 19/14 (タラーン1機) | 221/31 | - |
| M・I・ハルラーモフ | 不明 | - | 第255戦闘機連隊-SF | 7 | 不明 | - |
| アナトーリイ・ヴァシーリエヴィッチ・キスリャコーフ | 大尉 | ソ連邦英雄 | 第28親衛戦闘機連隊-SF | 15と気球1 (ほとんどかP-39) | 352/? | - |
| パーヴェル・ドミートリエヴィッチ・クリーモフ | 上級中尉 | ソ連邦英雄 | 第2親衛戦闘機連隊 | 11/16 (何機かはハリケーン) | 306/33 | - |

| 氏名 | 階級 | 叙勲 | 部隊 | 戦果（個人／協同） | 出撃／空戦 | 戦死日付 |
|---|---|---|---|---|---|---|
| アレクサンドル・フョードロヴィッチ・クルボフ | 大尉 | ソ連邦英雄2回 | 第16親衛戦闘機連隊 | 31/19（I-153で150回出撃し4機を撃墜） | 457/95 | 1944年11月1日 |
| ビョートル・レオンティエヴィッチ・コロミーエツ | 大尉 | ソ連邦英雄 | 第2親衛戦闘機連隊-SF | 18 | 400/? | - |
| ヴィークトル・ステパーノヴィッチ・コリャーディン | 上級中尉 | ソ連邦英雄 | 第68親衛戦闘機連隊 | 21（さらに爆撃機操縦者として350回） | 335/? | - |
| ミハイール・セルゲーエヴィッチ・コメリコーフ | 少佐 | ソ連邦英雄 | 第104親衛戦闘機連隊 | 32/7 | 321/75 | - |
| ガオールキイ・ニコラーエヴィッチ・コーネフ | 中佐 | ソ連邦英雄 | 第21親衛戦闘機連隊 | 17/18 | 313/98 | 1942年12月30日 |
| イヴァーン・ガヴリールィエヴィッチ・コロリョーヴ | 中佐 | ソ連邦英雄 | 第9親衛戦闘機連隊 | 18/11（数機は別機種） | 500以上/? | - |
| ニコラーイ・ステパーノヴィッチ・コトロフ | 上級中尉 | - | 第55親衛戦闘機連隊 | 17/3 | 253/? | 1943年6月2日 |
| アルカーディ・フョードロヴィッチ・コヴァチェヴィッチ | 大尉 | ソ連邦英雄 | 第9親衛戦闘機連隊 | 26/6（13機はP-39） | 520/? | - |
| ドミートリイ・イヴァーノヴィッチ・コーギン | 中尉 | ソ連邦英雄 | 第45戦闘機連隊 | 10/3あるいは13/3（数機はYak-1） | 150/30 | 1943年5月8日 |
| アナトーリイ・レオントーエヴィッチ・コミッサーロフ | 少佐 | ソ連邦英雄 | 第212親衛戦闘機連隊 | 27（11機はパリコーンとYak） | 300/69 | - |
| エヴィーム・アヴドーモヴィッチ・クリヴォフェーエフ | 中尉 | ソ連邦英雄 | 第19親衛戦闘機連隊 | 7/15（1機はタラーン） | 97/30 | 1942年9月9日 |
| パーヴェル・ボリソヴィッチ・クリューコフ | 中尉 | ソ連邦英雄 | 第16親衛戦闘機連隊 | 19/1（おそらく10機はP-39） | 650/? | - |
| I・クドリャ | 軍曹 | - | 第45戦闘機連隊 | 6 | 不明 | - |
| ニコラーイ・ダニーロヴィッチ・クドリャ | 少尉 | - | 第45戦闘機連隊 | 11 | 53/24 | 1943年5月26日 |
| アンドレーイ・ニキートヴィッチ・クルネンコ | 大尉 | ソ連邦英雄 | 第2親衛戦闘機連隊-SF | 15（数機は他機種） | 300以上/? | - |
| パーヴェル・ステパーノヴィッチ・クターホフ | 大尉 | ソ連邦英雄 | 第19親衛戦闘機連隊 | 13/28（1機はI-16） | 367/79 | - |
| ガオルールキイ・ドミートリエヴィッチ・クズネツォーフ | 大尉 | - | 第16親衛戦闘機連隊 | 10/12 | 350/? | - |
| イヴァーン・フョードロヴィッチ・クズネツォーフ | 少佐 | ソ連邦英雄 | 第67親衛戦闘機連隊 | 36/12（17機はP-39） | 400/? | - |
| イヴァーン・ニキートヴィッチ・ラヴリーノ | 大佐 | ソ連邦英雄 | 第68親衛戦闘機連隊 | 17/3（数機は他機種） | 288/79 | - |
| グラヴィーミル・アレクサーンドロヴィッチ・ラヴィネーィキイ | 上級中尉 | ソ連邦英雄 | 第67親衛戦闘機連隊 | 17（数機は他機種） | 232/? | - |
| ニコラーイ・エフィーモヴィッチ・ラヴィツキイ | 大尉 | ソ連邦英雄 | 第100親衛戦闘機連隊 | 24/2（11/1はI-153とYak-1） | 250/100 | 1944年3月10日 |
| グラディーミル・ドミートリエヴィッチ・ラヴリューエーンコ | 少佐 | ソ連邦英雄2回 | 第9親衛戦闘機連隊 | 36/11（22/11はYak-1、3星はLa-7） | 448/134 | - |
| イヴァーン・ドミートリエヴィッチ・リホバービン | 少佐 | - | 第72親衛戦闘機連隊 | 30/9 | 321/60 | - |
| ヴァシーリイ・ステパーノヴィッチ・リホボーエヴィッチ・リザレンコ | 上級中尉 | ソ連邦英雄 | 第104親衛戦闘機連隊-ChF | 16/11 | 204/44 | 1944年8月12日 |
| ヴァヌーシス・ミハーイロヴィッチ・リトヴィンチュック | 大尉 | ソ連邦英雄 | 第54親衛戦闘機連隊-ChF | 15/7（おそらく5機はChF15あるいは18） | 300 | - |
| ボリース・アレクセーエヴィッチ・リトヴィーノフ | 大尉 | ソ連邦英雄 | 第11親衛戦闘機連隊 | 14 | 459/44 | - |
| I・I・ローグヴィノフ | 不明 | - | 第28親衛戦闘機連隊 | 19/15（2機はI-16） | 356/? | - |
| セルゲーイ・イヴァーノヴィッチ・ルキヤーノフ | 中佐 | ソ連邦英雄 | 第16親衛戦闘機連隊 | 18/1 | 169/36 | - |
| ミハイール・ヴァシーリエヴィッチ・ルストー | 上級中尉 | ソ連邦英雄 | 第129親衛戦闘機連隊 | 10（9機はP-39） | 320/? | - |
| ニコラーイ・フョードロヴィッチ・マカーレンコ | 少佐 | ソ連邦英雄 | 第153戦闘機連隊 | 21 | 200/60 | - |
| エヴゲーニイ・イヴァーノヴィッチ・マリィーンスキイ | 上級中尉 | - | 第129親衛戦闘機連隊 | 5 | 115/? | - |
| V・マーフロフ | 少尉 | - | 第101親衛戦闘機連隊 | 9/2 | 222/50 | - |
| フョードル・ミハーイロヴィッチ・マヌーリン | 大尉 | ソ連邦英雄 | 第28親衛戦闘機連隊 | 17/6（5機はP-39） | 316/73 | - |
| ヤコフ・ダニーロヴィッチ・ミハーイリック | 上級中尉 | ソ連邦英雄 | 第54親衛戦闘機連隊 | 22/4（1回の作戦中タラーンで2機） | 356/? | 1943年2月16日 |
| ヴァシーリイ・パーヴロヴィッチ・ミハリョーフ | 上級中尉 | ソ連邦英雄 | 第213親衛戦闘機連隊 | 10/15（5/15はP-39） | 108/38 | 1944年6月1日 |
| ヴィークトル・ペトローヴィッチ・ミローノフ | 大尉 | ソ連邦英雄 | 第19親衛戦闘機連隊 | 18/5（ほとんどかP-39） | 404/40以 | - |
| N・T・モギリノ | 中尉 | - | 第438戦闘機連隊 | 5 | | - |
| グラディーミル・アレクサーンドロヴィッチ・ナルジームスキイ | 大尉 | - | 第11親衛戦闘機連隊-ChF | | | - |

| 氏名 | 階級 | 叙勲 | 部隊 | 戦果（個人／協同） | 出撃／空戦 | 戦死日付 |
|---|---|---|---|---|---|---|
| ピョートル・パーヴロヴィッチ・ニキーフォロフ | 大尉 | ソ連邦英雄 | 第129親衛戦闘機連隊 | 20/4 | 297/69 | － |
| アレクセーイ・イワーノヴィッチ・ニキーチン | 中尉 | ソ連邦英雄 | 第28親衛戦闘機連隊 | 19/5 (10機はP-39) | 238/73 | － |
| ステパーン・マトヴェーエヴィッチ・ノーヴィチコフ | 中佐 | ソ連邦英雄 | 第67親衛戦闘機連隊 | 29 (19機はP-40) | 315/? | － |
| アレクセーイ・イワーノヴィッチ・ノーヴィコフ | 大尉 | ソ連邦英雄 | 第17戦闘機連隊 | 22 (数機は他機種) | 500/? | － |
| ユーリイ・オブラズツォフ | 不明 | － | 第100親衛戦闘機連隊 | 10以上 | 不明 | － |
| I・K・オリフィレンコ | 大尉 | － | 第16親衛戦闘機連隊 | 14 | 60/19 | 1944年5月10日 |
| M・I・オルロフ | 上級中尉 | ソ連邦英雄 | 第213親衛戦闘機連隊 | 6/3 | 276/24 | 1943年3月15日 |
| パーヴェル・イワーノヴィッチ・オルロフ | 大尉 | ソ連邦英雄 | 第2親衛戦闘機連隊 - SF | 11 (少なくとも4機は他機種) | 114/18 | 1943年8月26日 |
| パーヴェル・アレクセーエヴィッチ・パーニン | 少佐 | ソ連邦英雄 | 第255親衛戦闘機冬季連隊 - SF | 13 (数機はLaGG) | 264/52 | － |
| セルゲーイ・ステパーノヴィッチ・パンクラートフ | 少佐 | ソ連邦英雄 | 第66戦闘機連隊 | 19/6 | 不明 | － |
| パーセチニック | 大尉 | － | 第30親衛戦闘機連隊 | 15以上 | 265/32 | － |
| ニコラーイ・フョードロヴィッチ・パンユー | 上級中尉 | ソ連邦英雄 | 第28親衛戦闘機連隊 - SF | 15と気球1 | 293/75 | － |
| エヴゲーニイ・ヴァシーリエヴィッチ・ペトレーンコ | 大尉 | 赤旗勲章 | 第20戦闘機連隊 | 15/1 (数機はYak) | 352/80 | － |
| ミハイール・クォルキエヴィッチ・ペトロフ | 軍曹 | － | 第100親衛戦闘機連隊 | 15/1 | 不明 | － |
| ピョートル・イワーノヴィッチ・ピスクノフ | 中佐 | ソ連邦英雄 | 第72親衛戦闘機連隊 | 12 | 138/42 | － |
| イワーン・グリゴーリエヴィッチ・ボレバーエフ | 大尉 | ソ連邦英雄3回 | 第101親衛戦闘機連隊 | 20 | 650以上/156 | － |
| アレクサーンドル・イワーノヴィッチ・ポクルイーシキン | 中佐 | ソ連邦英雄 | 第16親衛戦闘機連隊 | 59/6 | 375/86 | － |
| ニコラーイ・アレクセーエヴィッチ・プロエンコフ | 少佐 | ソ連邦英雄 | 第69親衛戦闘機連隊 | 19/4 | 190/? | － |
| ピョートル・アレクセーエヴィッチ・ラッサドキン | 大尉 | ソ連邦英雄 | 第255親衛戦闘機連隊 - SF | 12 | 198/? | － |
| イワーン・イワーノヴィッチ・ラーズモン | 少尉 | － | 第20親衛戦闘機連隊 | 7 | 450/122 | － |
| グリゴーリイ・アンドレーエヴィッチ・レチカーロフ | 大尉 | ソ連邦英雄2回 | 第16親衛戦闘機連隊 | 56/6 (52/4はP-39) | 261/63 | － |
| ミハイール・ペトローヴィッチ・レンツ | 少佐 | ソ連邦英雄 | 第30親衛戦闘機連隊 - SF | 20/5 | 350/? | － |
| アナトーリイ・グラディーエヴィッチ・ルデーンコ | 不明 | － | 第28戦闘機連隊 | 14 (何機かは他機種) | 157/18 | － |
| パーヴェル・イワーノヴィッチ・サーハロフ | 大尉 | ソ連邦英雄 | 第78戦闘機連隊 - SF | 9 | 不明 | － |
| イワーン・サーヴィン | 不明 | － | 第16親衛戦闘機連隊 | 6以上 | 300/? | 1943年2月29日 |
| グラフセーミル・グリゴーリエヴィッチ・セメーニン | 中佐 | ソ連邦英雄 | 第104親衛戦闘機連隊 | 23/13 (おそらく何機かはI-16による) | 500/? | － |
| ヴァシーリイ・イワーノヴィッチ・セルコフ | 少佐 | ソ連邦英雄 | 第213親衛戦闘機連隊 | 17/17 | 318/38 | 1943年5月3日 |
| ピョートル・クォールルキエヴィッチ・スキーブネフ | 大尉 | ソ連邦英雄 | 第78戦闘機連隊 - SF | 19 (16機はパソーン) | 300/70 | 1944年7月30日 |
| ヴァシーリイ・デニーソヴィッチ・シャールレンコ | 大尉 | ソ連邦英雄 | 第100親衛戦闘機連隊 | 16/4 | 359/35 | － |
| ヴァシーリイ・セミョーノヴィッチ・シェルパコー | 上級中尉 | ソ連邦英雄 | 第67親衛戦闘機連隊 - ChF | 11/7 | 258/78 | － |
| パーヴェル・フョードロヴィッチ・シェヴェリヨーフ | 大尉 | ソ連邦英雄 | 第9親衛戦闘機連隊 | 17/2 (何機かはP-40, 朝鮮でも3機) | 不明 | － |
| F・I・シブリン | 中尉 | － | 第9親衛戦闘機連隊 | 25 (何機かは他機種) | 68/21 | － |
| アレクサーンドル・イワーノヴィッチ・シュシキン | 大尉 | ソ連邦英雄 | 第20親衛戦闘機連隊 - SF | 11 | 520/78 | － |
| ヴァシーリイ・イワーノヴィッチ・シシュキン | 少佐 | ソ連邦英雄 | 第55親衛戦闘機連隊 | 15/16 (主にYakで) | 300/? | － |
| ヴャチェスラーフ・フョードロヴィッチ・シロノーフ | 少佐 | ソ連邦英雄 | 第17戦闘機連隊 | 26 | 457/? | － |
| アレクセーイ・セミョーノヴィッチ・スミルノーフ | 少佐 | ソ連邦英雄2回 | 第28親衛戦闘機連隊 | 34/1 (4機はI-153で) | 314/40 | － |
| サラヴィヨフ | 大尉 | － | 第11親衛戦闘機連隊 - ChF | 16/8 | 不明 | － |
| ニコラーイ・グリゴーリエヴィッチ・スネサリョーフ | 中尉 | ソ連邦英雄 | 第21親衛戦闘機連隊 | 17以上 (何機かはLaGG) | 129/34 | 1944年5月31日 |
| V・V・ソコロフ | 少佐 | － | 第438戦闘機連隊 | 12 | － | － |

| 氏名 | 階級 | 叙勲 | 部隊 | 戦果(個人/協同) | 出撃/空戦 | 戦死日付 |
|---|---|---|---|---|---|---|
| A・I・ソービン | 少尉 | — | 第438戦闘機連隊 | 5 | 122/32 | — |
| ニコライ・アレクセーエヴィッチ・スタールチコフ | 大尉 | ソ連邦英雄 | 第16親衛戦闘機連隊 | 18/1 | 489/89 | — |
| ドミートリイ・アレクサーンドロヴィッチ・スターレンコ | 上級中尉 | ソ連邦英雄 | 第11親衛戦闘機連隊 - ChF | 21/6 (9機はYak) | 479/51 | — |
| ヴァシーリイ・ボリカールルヴィッチ・ストレールニコフ | 大尉 | ソ連邦英雄 | 第78戦闘機連隊 - SF | 6 | 150/14 | — |
| ニコラーイ・ヴァシーリエヴィッチ・ストローイコフ | 上級中尉 | ソ連邦英雄 | 第213親衛戦闘機連隊 | 14/21 | 245/66 | — |
| コンスタンティーン・ヴァシーリエヴィッチ・スードビア | 上級中尉 | ソ連邦英雄 | 第16親衛戦闘機連隊 | 22 (3機はI-153と、I-16) | 350/57 | — |
| イヴァーン・ルキッチ・スヴィナレーンコ | 大尉 | — | 第100親衛戦闘機連隊 | 10/6 | 不明 | — |
| アナトーリイ・イワーノヴィッチ・スヴィストゥノーフ | 大尉 | ソ連邦英雄 | 第213親衛戦闘機連隊 | 14/21 | 274/68 | — |
| イヴァーン・アンドレーエヴィッチ・タラネンコ | 中佐 | ソ連邦英雄 | 第104親衛戦闘機連隊 | 16/4 (4/4はP-39) | 265/50 | — |
| アレクセーイ・コンドラーティエヴィッチ・タラーソフ | 大尉 | ソ連邦英雄 | 第20戦闘機連隊 - SF | 10 (何機かはYak) | 213/48 | — |
| イワーン・タラーソフ | 不明 | — | 第9親衛戦闘機連隊 | 19 (Yak-1とP-39、La-7による) | 400/? | 1943年9月25日 |
| スレーン・タシ・エフ | 大尉 | — | 第11親衛戦闘機連隊 - ChF | 11 | 341/72 | — |
| ニコラーイ・レオーンティエヴィッチ・トロフィーモフ | 大尉 | ソ連邦英雄 | 第16親衛戦闘機連隊 | 15/11 | 600/71以上 | — |
| アンドレーイ・イワーノヴィッチ・トルッド | 中尉 | ソ連邦英雄 | 第16親衛戦闘機連隊 | 24/1 | 不明 | — |
| ヴェニアミーン・P・ツリェトコーフ | 大尉 | — | 第9親衛戦闘機連隊 | 14 | 420/130 | — |
| ミハイール・ステパーノヴィッチ・トゥエレネフ | 大尉 | ソ連邦英雄 | 第28親衛戦闘機連隊 | 18/28 (何機かはYak-1とLa-7) | 不明 | — |
| ピョートル・ヴグラースンスキイ | 上級中尉 | ソ連邦英雄 | 第104親衛戦闘機連隊 | 14 | 382/66 | — |
| アレクサーンドル・アレクサーンドロヴィッチ・ヴァリヤムシーン | 大尉 | — | 第30親衛戦闘機連隊 | 18/6 (何機かはYak-16とYak-1) | 115/19 | — |
| アレクセーイ・アレクサーンドロヴィッチ・ヴァシグラードフ | 少尉 | — | 第104親衛戦闘機連隊 | 10 | 200/? | 1944年7月30日 |
| コンスタンティーン・グリゴーリエヴィッチ・ヴィシネヴェツキイ | 少佐 | — | | 20/15 (何機かはI-16とYak-1) | | |
| L・V・ザチラーコ | 中尉 | — | 第129親衛戦闘機連隊 | 5/1 | 54/37 | — |
| アレクセーイ・セミョーノヴィッチ・ザカリューク | 大尉 | — | 第104親衛戦闘機連隊 | 16 | 594/90 | — |
| パーヴェル・フィリッポヴィッチ・ザヴァリューヒン | 中佐 | — | 第72親衛戦闘機連隊 | 13/4 | 480/? | — |
| イワーン・ミハーイロヴィッチ・ジャーリコ | 大尉 | — | 第20親衛戦闘機連隊 | 9/16 (何機かはP-40) | 300/? | — |
| ヴィークル・イワーノヴィッチ・ジェールデフ | 大尉 | — | 第16親衛戦闘機連隊 | 12 | 131/45 | — |
| ヤコーン・ヤコヴレヴィッチ・ジェネーンコ | 上級中尉 | ソ連邦英雄 | 第20親衛戦闘機連隊 | 11 | 不明 | — |
| イワシーリイ・ミハーイロヴィッチ・ジボーロフ | 上級中尉 | ソ連邦英雄 | 第72親衛戦闘機連隊 | 22 | 180/38 | — |
| ドミートリイ・ヴァシーリエヴィッチ・ジューシン | 上級中尉 | ソ連邦英雄 | 第11親衛戦闘機連隊 - ChF | 15 | 535以上/51以上 | — |

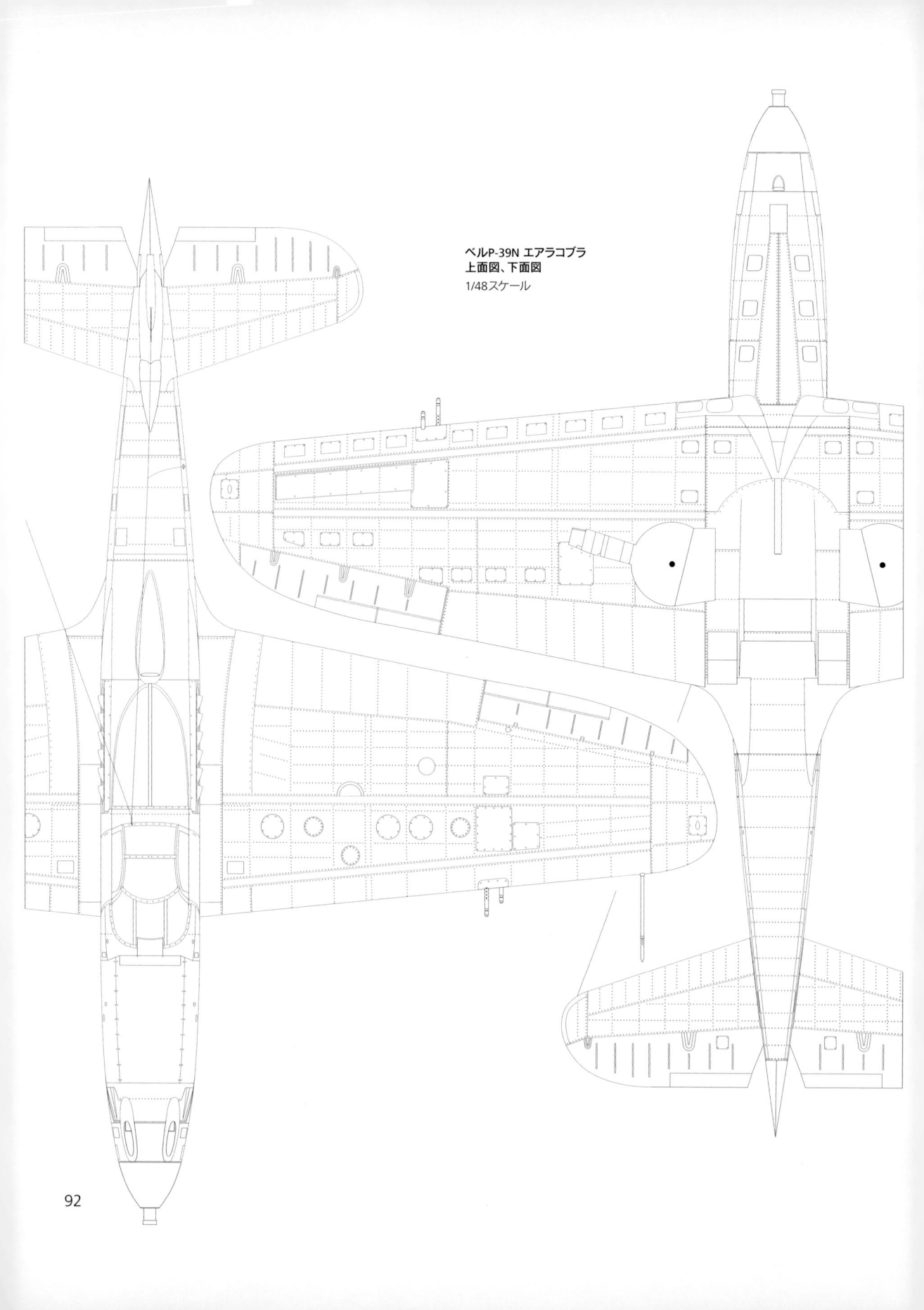

ベルP-39N エアラコブラ
上面図、下面図
1/48スケール

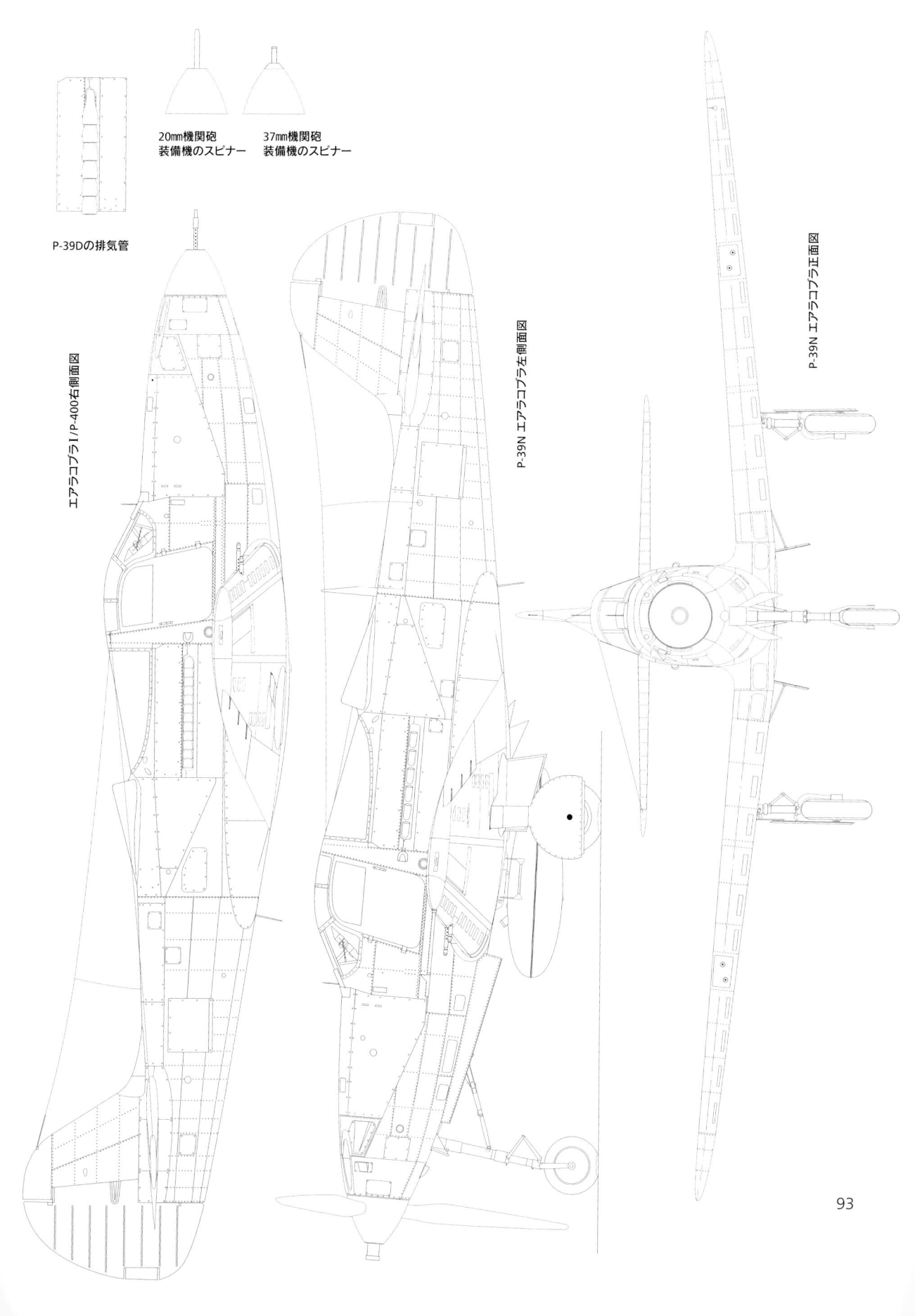

20mm機関砲
装備機のスピナー

37mm機関砲
装備機のスピナー

P-39Dの排気管

エアラコブラI/P-400右側面図

P-39N エアラコブラ左側面図

P-39N エアラコブラ正面図

93

■付録5
## ソ連エース機のシリアルと「ボルト」番号

| 氏名 | 搭乗機とシリアル（#ボルト番号） |
|---|---|
| イワーン・ヴァシーリエヴィッチ・ポチコーフ | エアラコブラI AH962（#12）、AH726（#36）と、BX168（#15） |
| イワーン・ドミートリエヴィッチ・ガイダエンコ | エアラコブラI AH660と、AH636（#33） |
| エフィーム・アヴトノーモヴィッチ・クリヴォシェーエヴ | エアラコブラI BX320（#16） |
| ニコラーイ・フョードロヴィッチ・パシコー | エアラコブラI BX254 |
| イワーン・イリイッチ・ババック | P-39D-2 41-384と、P-39N-0 42-9033（#01） |
| グリゴーリイ・ウスティーノヴィッチ・ドールニコフ | P-39N-0 42-9033（#01） |
| ニコラーイ・ドミートリエヴィッチ・ドルイーギン | P-39D-2 41-38421 |
| ボリース・ボリーソヴィッチ・グリーンカ | P-39D-2 41-38431 |
| ドミートリイ・ボリーソヴィッチ・グリーンカ | P-39K-1 42-4403（#21） |
| ヴァディーム・イワーノヴィッチ・ファデーエフ | P-39D-2 41-38428（#37） |
| ニコラーイ・ミハーイロヴィッチ・イースクリン | P-39D-2 41-38555（#27） |
| ミハイール・ステパーノヴィッチ・リホヴィッド | P-39D-2 41-38455 |
| ミハイール・ゲオールギエヴィッチ・ペトローフ | P-39K-1 42-4606 |
| アレクサーンドル・イワーノヴィッチ・ポクルイーシキン | P-39D-2 41-38520（#13）と、P-39N-0 42-9004（#100） |
| グリゴーリイ・アンドレーエヴィッチ・レチカーロフ | P-39D-2 41-38547（#40）と、P-39N-0 42-8747、P-39Q-15 44-2547（#RGA） |
| アレクセーイ・セミョーノヴィッチ・ザカリューク | P-39D-2 41-38457 |
| アレクサーンドル・フョードロヴィッチ・クルーボフ | P-39N-1 42-9434（#45）と、P-39N-1 42-9589（#125） |
| アレクサーンドル・ドミートリエヴィッチ・ビリューキン | （#53） |
| アレクサーンドル・ペトローヴィッチ・フィラートフ | P-39Q-5 42-20414（#93）、「黄色の19」 |
| ゲオールギイ・ゴルデーエヴィッチ・ゴールベフ | （#19） |
| ハサーン・ミンゲーエヴィッチ・イバトゥーリン | P-39N-1 42-9625 |
| M・I・オルローフ | P-39Q-15 44-2823 |
| ミハイール・ペトローヴィッチ・レンツ | P-39N-1 42-9553（#84） |
| ニコラーイ・ヴァシーリエヴィッチ・ストローイコフ | P-39Q-25 44-32286（#77） |
| コンスタンティーン・ヴァシーリエヴィッチ・スーボブ | P-39N（#50） |
| L・V・ザディラーコ | P-39N-5 42-18662 |

## カラー塗装図　解説
### colour plates

**1**
P-400　BW146　1942年5月　ニューカレドニア
トントゥータ　第67戦闘飛行隊
「ウィストリン」・ジード・フォンテインの半ズボン

フォンテインはガダルカナルのヘンダーソン飛行場で実戦に投入される前に、この機体を使ってニューカレドニアで訓練を受けた。かれは「パッツィ(お人好し)小隊」の一員として最初にシャークマウスを描き、やがてそれは第67戦闘飛行隊の戦闘機の大半が描くものとなった。飛行隊はフォンテインが少なくとも5.5機を落としたと記録しているが、公式に認められているかれの戦果は、1942年12月3日に報じられた日本の水上機1機のみである。

**2**
P-39F　42-7166　1942年5月　ニューギニア
ポートモレスビー　第8戦闘航空群　第36戦闘飛行隊
グローヴァー・ゴールソン中尉

このP-39は、ニューヨーク州、バッファローのベル社の生産施設で1942年の初めに作られた229機のF型の最初の1機で、以前のD型と違うところは、カーチス・エレクトリックのプロペラの代わりに、直径10フィート4インチ(314.96㎝)のエアロプロダクツ製のプロペラを装着している点である。41-7116が、第36戦闘飛行隊がニューギニアに移動するのに先立って配備されたのはほぼ確実である。ゴールソンはこの特定の機体についてあまり詳しくは覚えていない、この時期のポートモレスビーでは、緊急出動を命じられた操縦者は縛帯を締めたら急いで手近な飛行機に乗ってしまっていたからだ。かれは、P-39には何もマーキングはなく、戦前の「米陸軍」の文字以外、部隊標識などはなかったということは覚えている。

**3**
P-400(シリアル不明)　1942年5月　ニューギニア
ポートモレスビー　第35戦闘航空群　第39戦闘飛行隊
ウォール・アイ・「パット」・ユージーン・ウォール

ウォール中尉は、1942年5月26日、ポートモレスビーの北方、ローゼン山のそばで零戦を撃墜、P-39による第39戦闘飛行隊の初戦果のひとつを記録、この戦果は地上から墜落を目撃されている。未来の20機撃墜のエース、トム・リンチは同じ空戦でP-39による3機目の撃墜を報じ、フレッド・エイドキンスはP-39による唯一の戦果を、かれが2月に第17追撃飛行隊のP-40E型で落とした零戦2機の戦果に追加した。後者は1944年8月、ドイツ上空でMe109を2機撃墜してエースの地位を獲得した。当時、エイドキンスは第50戦闘航空群、第313戦闘飛行隊のP-47に乗っていた。ウォールのP-400に描かれたシャークマウスはかれの個人標識で、その牙とともに1943年、第39戦闘飛行隊のP-38に継承されることになった。同機の国籍標識の中央から赤い丸が除かれていることに注意。これはこの年の5月から日本の「ミートボール」(日の丸)と混同されるのを避ける

ために廃止されたものである。第8戦闘航空群は、戦闘に忙殺されていたので新しいマーキング規則を取り入れるのが遅れ、同戦闘航空群の2個飛行隊は6月まで赤玉入りの国籍標識を使っていた。この変更は、7月までに野戦で、単に白い塗料を塗り重ねることによって実施された。

**4**
P-400　BW176　1942年6月　ニューギニア
ポートモレスビー　第35戦闘航空群
第39戦闘飛行隊　チャールズ・キング中尉

チャールズ・キングは5機全部をP-38で落としていたが、P-39を高く評価していた操縦者のひとりであった。かれは1942年中盤の戦闘服務期間を通してこのP-400で飛び、7月末、BW176は第39戦闘飛行隊と交代した第80戦闘航空群に移籍された。この古参戦闘機は少なくとも1943年の1月までは使われていた。

**5**
P-400　BW102　「ザ・フレイミング(アロー)」
1942年6月　ニューギニア　ポートモレスビー
第35戦闘航空群　第39戦闘飛行隊
カレン・「ジャック」・ジョーンズ中尉

未来の5機撃墜エース、「ジャック」・ジョーンズは1942年中期の最初の戦闘服務中、第39戦闘飛行隊での作戦をいつもP-400で飛んでいたことで知られている。実際、かれは6月9日、エアラコブラによる唯一の撃墜戦果(零戦)を報じている。第39戦闘飛行隊の他のP-400同様、BW102も1942年7月には第80戦闘飛行隊に移籍された。新しい所有者は弓矢の絵を消し、そこに大きなシャークマウスと目を描きいれた。その戦闘機はまた操縦席ドアの前方に「K」の文字を入れていた。

**6**
P-39D-1　41-38338
「ニップズ・ネメシス(日本人への天罰)」　1942年6月
ニューギニア　ポートモレスビー　第8戦闘航空群
第36戦闘飛行隊　ドン・C・マクギー中尉

「フィバー」・マクギーは、第8戦闘航空群がニューギニアで戦っていたとき、P-39で戦果を報じた数少ない操縦者のひとりで、かれは1942年に、P-39で少なくとも5機を撃墜した。未確認戦果のひとつ(5月5日、ポートモレスビー近郊で報じられた零戦)は公式に不確実とされる一方、マクギーは日本機の撃破も1機公認されている。いずれにせよ、5月1日、零戦1機を撃墜、28日後に、2機の三菱戦闘機を落としたことは公式に認められている。マクギーがどのP-39に乗って、どの戦果を報じたのかははっきりとしないが、初代の「ニップズ・ネメシス」は、5月1日の戦闘で修理不能の損傷を受けてしまっている。

## 7
P－39J　41-7073　1942年6〜10月　アラスカ
コディアク　第54戦闘航空群　第57戦闘飛行隊
レスリー・スプーンツ中尉

第57戦闘飛行隊は、1942年6月、日本軍の侵攻に対応して緊急に一時的な配置としてアリューシャンに送られ、1942年中頃から、1943年初頭にフロリダのバートウ基地に帰るまで、コディアク島を基地としていた。レスリー・スプーンツは、この戦闘服務中、明らかに日本機3機を撃墜している。日本軍が占領している島を巡る海上で発見した水上機を地上掃射した後のことで、これはほぼ確実なのだが、公式記録ではスプーンツの空中での戦果は一切認められていない。オハイオ州のデイトンにある米空軍博物館に展示されているP－39Q－20（44-3908）はスプーンツが使っていたJ型の塗装を施されている。もともとの41-7073は、たった25機だけが作られたJ型で、後期のF型との相違は自動マニホールド圧調整器を備えたV－1710-59（E12）エンジンを装着しているというところだけであった。

## 8
P－39D（シリアル不明）　1942年11月　ニューギニア
ミルン湾　第8戦闘航空群　第35戦闘飛行隊
ジョーゼフ・マッケーン中尉

ジョー・マッケーンは1942年12月7日にP－39D－1　41-38353を使ってブナ上空で零戦を1機撃墜、これがかれのベル戦闘機での唯一の戦果となった。このエアラコブラはこの年の初期に、かれへ割り当てられた機体で、11月に着陸事故で明らかに、破壊、または損傷している。マッケーンは1943年夏に、第475戦闘航空群の第433戦闘飛行隊に転属になり、その年の9月から10月にかけてP－38で撃墜4機を記録した。太平洋で戦闘出撃155回を記録したマッケーンは、短期の帰郷を果たした後、欧州戦線行きを志願して第20戦闘航空群、第77戦闘飛行隊に配属された。かれは1944年8月に、P－38とP－51で戦闘出撃40回を行い、Me109を1機撃墜、Fw190を1機破させたが、10月7日、ドイツ上空で空中衝突を起こし、マスタングから脱出した。マッケーンはすぐ捕虜になり、終戦までを捕虜収容所で過ごすことになった。

## 9
P－39D－1　41-36345　「ペライキア」　1942年11月
ニューギニア　ミルン湾　第8戦闘航空群
第36戦闘飛行隊　ジョージ・ウェルチ中尉

「ホイーティーズ」・ウェルチも、1942年12月7日、ブナ上空で第36戦闘飛行隊の伝説的な戦闘に加わり、この真珠湾で戦った古参は、ここで少なくとも4機（零戦2機、九九艦爆2機）の戦果を、ちょうど1年前に果たした4機撃墜の戦果に追加した。ジョー・マッケーン同様、図のP－39は明らかに12月のブナ（この時はP－39D－1　41-38359に乗っていた）での空戦以前にウェルチが乗っていた機体で、本機も11月に着陸事故を起こして全損となっている。

## 10
P－39D－1　41-38295　1942年後半　アラスカ
コディアク　第54戦闘航空群　第57戦闘飛行隊
ジェラルド・R・ジョンスン中尉

未来の22機撃墜のエース「ジェリー」・ジョンスンはP－39に、後に南太平洋においてP－38で戦うことになった時と同じ熱情を注いでいた。かれは1942年9月25日と10月1日、キスカ、アダック地区でA6M2M二式水戦と戦い、数カ月後、アリューシャンの第11航空軍ではなく！（太平洋の）第5航空軍で不確実撃墜2機の栄誉を与えられた。両戦果とも海中に落ち、目撃者がいなかったため、地上のお偉方から無視されてしまっていたのである。

## 11
P－39K－1　42-4358　1943年2月　ニューギニア
ナザブ　第35戦闘航空群　第40戦闘飛行隊
ウィリアム・マクドノー中尉

マクドノーの小隊のP－39は、ディズニーの漫画を題材にした念入りなノーズアートを誇っており、42-4358は右側面に見事なドナルド・ダックに描いている。絵は必ず、右側面に描かれていた。この他にウォルト・ディズニーの「グーフィー」や、ワーナー・ブラザースの「バッグス・バニー」などのキャラクターも使われている。未来の5機撃墜エース、マクドノーは42-4358を以て、1943年2月、ワウ上空で零戦撃墜2機を報じている。

## 12
P－39N（シリアル不明）　1943年4月
パナマ運河地域　第52戦闘航空群
第32戦闘飛行隊　ウィリアム・K・ジロー中尉

「ケニー」・ジローはこのP－39Nで、かれの何事も起きなかった1943年のパナマ運河防衛任務をこなした。第二次大戦中、カリブ海ではいかなる空中戦もなく、戦闘機乗りたちはありふれた船団掩護についており、パナマ運河地域に配属された操縦者にはほとんど実戦を経験する機会がなかった。第32戦闘飛行隊に配備されていたP－39にあった唯一のマークは垂直安定板先端の白塗りだけであったが、ジローは左側のドアに騎士を描いた個人標識を描いている。実戦を熱望していたジローは第8戦闘航空群、第36戦闘飛行隊に配属され、1944年にP－38で、日本機10機を撃墜したが、うち8機は11月の最初の2週間だけで報じられた戦果であった。

## 13
P－39D－2　41-38506　1943年4〜6月
ニューギニア　ポートモレスビー　第35戦闘航空群
第41戦闘飛行隊　ロイド・「ヨギ」・ロッサー中尉

「ヨギ」・ロッサーは1943年4月12日に、ポートモレスビーを襲った日本機の大編成のなかから、かれ唯一の戦果である一式陸攻撃墜1機を報じた。第35戦闘航空群の両飛行隊はともに全部で撃墜28機を報じられたこの空戦に参加、うち12機の撃墜を報じている。この戦闘機に描かれている撃墜マークはロッサー以外の操縦者が同機を使って報じたものと思われる。

**14**
P-39L-1　42-4520　「エヴリン」　1943年春
アルジェリア　メゾン・ブランシュ　第350戦闘航空群
第346戦闘飛行隊　ヒュー・ダウ中尉
ヒュー・ダウは本機に乗っているところを撮影されているが、かれがいつも乗っていた機体のドアにはDの文字が入れられていた「ロウディ」(操縦者のあだ名)だった。単にダウが、たまたま42-4520で飛んでいた時、機体に入れられたVが、第二次大戦連合軍勝利の象徴にもなると思った誰かが写真を撮ったのかもしれない。いずれにせよ本機は北アフリカで戦っていたP-39の典型を示すもので、第81戦闘航空群の「X-R」のコードと、第346戦闘飛行隊の単文字標識を入れている。

**15**
P-39N(シリアル不明)　1943年6月頃
ガダルカナル　第347戦闘航空群
第68、第70戦闘飛行隊　ビル・フィドラー中尉
米陸軍航空隊における唯ひとりのエアラコブラエース、ビル・フィドラーは1943年太平洋での戦闘服務で、第68と第70の両飛行隊に配属された。かれはこれら獰猛な飛行機のなかでも、もっとも攻撃的で、技量も、そして運も十分にもっており、1943年1月から6月までのあいだに零戦3機と九九艦爆2機を撃墜した。しかし、6月30日、運は尽き、かれのP-39はガダルカナルから離陸中だったP-38に衝突された。その時、かれは離陸の順番を待って、滑走路の端に停めて暖機運転中であった機体の主翼に座っており、そこにエンジン出力を失ったライトニングが突っ込み、フィドラーを殺したのである。

**16**
P-39(サブタイプ、シリアル不明)　1943年8月
ニューギニア　チリ・チリ　第35戦闘航空群
第40戦闘飛行隊　ボブ・イェーガー中尉
イェーガーは1943年8月15日、チリ・チリ地区で九九双軽、一式戦各1機の撃墜を報告している。同地で、数週間任務に就いた後、同飛行隊はサンダーボルトへの機種改変を開始した。イェーガーは1944年3月、P-47で三式戦2機と、一式戦1機を撃墜し、エースの地位を獲得した。

**17**
P-39(サブタイプ、シリアル不明)　1943年8月
ニューギニア　チリ・チリ　第35戦闘航空群
第40戦闘飛行隊　トム・ウィンバーン大尉
ウィンバーンは1943年2月6日、第40戦闘飛行隊による記録に値する空戦で、かれ唯一の戦果である零戦撃墜2機を報じた。かれはこの日も、いつも使っていた本機で飛んでいたものと思われる。4月25日、かれは第40戦闘飛行隊の指揮官となり、11月の初旬に戦闘服務期間が切れるまで、その任に留まった。

**18**
P-39N-5　42-18805　「トッディ」　1943年9月
ニューギニア　チリ・チリ　第35戦闘航空群
第41戦闘飛行隊　ヒルバート大尉
第41戦闘飛行隊に最初のN型が到着したのは1943年4月で、本機は第41戦闘飛行隊がP-39で撃墜18機を報じたもっとも実り多かった期間、1943年4月から9月までのあいだ小隊長を務めていたヒルバート大尉(クリスチャンネーム不明)に割り当てられた。

**19**
P-39L-1　42-4687　「リトル・トニ」　1943年9月
カリフォルニア　ヘイワード　第357戦闘航空群
第362戦闘飛行隊　さまざまな操縦者が使用
欧州戦線での未来のエース、「チャック」・イェーガーと、「バド」・アンダーソンはP-39をかっており、かれらのような駆け出し操縦者は、1943年にカリフォルニアで、第357戦闘航空群に配属される前に本機などを使って多くの時間飛行していた。両人は、P-39は、別の戦闘機による空戦に備えるために飛ばすのが楽しい飛行機であったと述べている。

**20**
P-39N-5　43-18802　1943年10月　ニューギニア
ナザブ　第35戦闘航空群　第41戦闘飛行隊
ロイ・オーウェン中尉
第41戦闘飛行隊は第二次大戦終結までに撃墜91機を報じた。本機の操縦者はそのうちたった1機を落としたに過ぎないが、たっぷりと装飾されている。ロイ・オーウェンは本機で戦果はあげておらず、かれは飛行隊の戦果リストで撃墜ほぼ確実から、不確実または撃破に格下げされた戦果1機を記録されている。

**21**
P-39Q-10　42-20746　「オールド・クロウ」
1943年10月　カリフォルニア
第357戦闘航空群　第363戦闘飛行隊
オーロヴィル　「バド」・アンダーソン中尉
本機は大戦果をあげることになるエース「バド」・アンダーソンにごく初期に割り当てられた戦闘機であった。かれはすぐ本機を「オールド・クロウ」と名付け、以後、かれが乗ることになる戦闘機、P-51マスタングからF-105サンダーチーフに至るまで、みな同じ名前を授けられることになった。新編成の第357戦闘航空群の新人操縦者のひとりとして、他の戦友や、親友である「チャック」・イェーガー同様、訓練機としてはP-39を高く評価していたが、実戦に臨む際にはP-51の方がずっと良いとしている。11月に、欧州戦線への出征前、カリフォルニアとネバダでは航空群の3個飛行隊は全部、P-39を使っていた。そして、英国で第357戦闘航空群はP-51に機種を改変した。

**22**
P-39N-1　42-18409　1943年11月　ニューギニア
ナザブ　第35戦闘航空群　第41戦闘飛行隊
ハロルド・ナス中尉
このP-39は、1944年1月に第41戦闘飛行隊へP-47が配備される前まで使われていた、最後の機体の1機であった。

飛行隊の記録によるとナス中尉は本機をもって、第41戦闘飛行隊が大戦果をあげた1943年8月15日にチリ・チリ付近で九九双軽1機を撃墜(かれ唯一の戦果)を報じている。

## 23
P-39Q-1　42-19510　「サッドサック」
1943年12月　ガダルカナル　第72戦闘飛行隊
ジェームズ・ヴァン・ネイダ大尉

ヴァン・ネイダは第7航空軍のP-39操縦者が演じた数少ない戦闘に参加している。かれは戦友とともに1943年12月27日、一式陸攻1機を撃墜したのである。かれは後に、第72戦闘飛行隊の指揮官となり、戦闘服務期間が終わるまで、その地位に留まった。

## 24
エアラコブラⅠ　AH636　「白の33」　1942年秋
第19親衛戦闘機連隊
イワーン・ドミートリエヴィッチ・ガイダエンコ大尉

ソ連邦が英国から受領したエアラコブラⅠは全機が、ダークグリーンと、オーシャングレイで上面を、ミディアムシーグレイで下面を塗るという標準的な英国空軍の迷彩を施されていた。ガイダエンコのコブラに描かれている4つの赤い星は個人撃墜を、白縁のみの20個の星は協同撃墜を示している。第19親衛戦闘機連隊は飛行機を個別するための「ボルト」番号を尾翼に入れていた。AH636はガイダエンコが乗った2機目のコブラで、以前乗っていたAH660は撃墜されてしまった機体である。

## 25
P-39D-2　41-38428　「白の37」　1943年4月
第16親衛戦闘機連隊
ヴァディーム・イワーノヴィッチ・ファデーエフ大尉

ファデーエフはその戦死の時まで、個人18機、協同3機の戦果で、第16親衛戦闘機連隊最高のエースであった。レンドリースによって米国からもたらされた他のP-39全機と同様に、本機は米陸軍標準のオリーヴドラブで上面を、ニュートラルグレイで下面を仕上げられている。初期の期間中、ソ連の赤星(黒い線で縁どられている場合もあった)は米国の白星の上に直接塗り重ねられ、周囲の青い円盤はそのまま残されていた。そんな機体の場合、主翼の上下面に描かれた赤星は左右非対称だった、米軍機の場合、主翼下面は片側にしか星は描かれていない。1943年、届いた少数のP-39の場合、時間がなかったので米国の黄色いシリアル番号も塗りつぶされなかった。本機の赤いスピナーと、垂直安定板頂部の赤は、1943年の初めから終戦まで、第16親衛戦闘機連隊に施された識別塗装であった。また、ほとんどのP-39部隊と同様に、機体の個別番号を胴体後半に書き入れている。

## 26
P-39K-1　42-4403　「白の21」　1943年春
クバン　第45戦闘機連隊
ドミートリイ・ボリーソヴィッチ・グリーンカ上級中尉

ドミートリイ・グリーンカは撃墜50機の戦果に対して、ソ連邦英雄の栄誉を二度にわたって授けられた。かれの戦功と、連隊の他の操縦者の働きによって、第45戦闘機連隊は1943年8月に親衛の称号を与えられ、第100親衛戦闘機連隊に改称された。かれのP-39は、第216地上襲撃飛行師団と、第9親衛戦闘機師団の麾下部隊の例に漏れず、スピナーと尾翼の頂部を赤く塗っている。

## 27
P-39Q(シリアル不明)　「白の10」　1943年後半
ションギー　第19親衛戦闘機連隊
パーヴェル・ステパーノヴィッチ・クタホフ大尉

パーヴェル・クタホフは、終戦時は大佐で、個人13機、協同28機の撃墜戦果を報じていた。戦後、かれはソ連空軍司令官となった。後期生産型のP-39にあった米国の国籍標識とシリアルは、ソ連邦に到着するやすぐに緑色の塗料で塗りつぶされた。そのような機体では、たいがい主翼上面には赤い星が描かれていない。クタホフ機は機首全体を赤く塗るという普通でない塗装が施されているが、これはおそらく飛行隊指揮官機を識別するためのものであろう。機体には8個の赤い星と、13個の白縁だけの星が描かれており、それらは個人戦果と、協同戦果を示している。

## 28
P-39N(シリアルと操縦者氏名不明)　「銀の24」
1944年夏　レニングラード戦線　第191戦闘機連隊、

第191戦闘機連隊は、レニングラード防空部隊に配属され、1944年、フィンランド南部でも戦っていた。同連隊は「ボルト」番号を、胴体後半ではなく、操縦席前方の機首に描いていた部隊のひとつであった。また白の代わりに、銀またはアルミニウム色を、部隊番号と、赤星の縁どりに使っている点に注目。さらに、スピナーと方向舵もよく金属色で塗られていた。

## 29
P-39Q-25　44-32286　「白の77」　1944年9月
ポーランド　第213親衛戦闘機連隊
ニコラーイ・ヴァシーリエヴィッチ・ストローイコフ上級中尉

ニコラーイ・ストローイコフは、第213親衛戦闘機連隊の第2飛行隊で、個人14機、協同23機の撃墜戦果を報じた。本機は、赤星の白縁の外側に赤い縁を追加した1944年のP-39の典型的な塗装例ともいえる。10個の赤い星と、3個の赤と白の星に注目、それらはストローイコフの個人および、協同撃墜の戦果を表している。尾部の幅広い白帯は、1944年中期からソ連空軍で使われるようになった編隊標識である。

## 30
P-39N-1　42-9434　「白の45」　1944年10月
ポーランド　第16親衛戦闘機連隊
アレクサーンドル・フョードロヴィッチ・クルーボフ大尉

アレクサーンドル・クルーボフは個人で31機、協同で19機の撃墜戦果を報じ、飛行事故で殉職した後に2回目のソ連邦英雄を追贈された。本機は、第16親衛戦闘機連隊のP-39の典型的な塗装が施され、機首にはクルーボフの撃

墜マークが入っている。繰り返しになるが、白い星が協同戦果である。

## 31
P-39Q-5　42-20414　「黄色の93」　1944年秋
ポーランド　第30親衛戦闘機連隊
アレクサーンドル・ペトローヴィッチ・フィラートフ大尉

アレクサーンドル・フィラートフは、このP-39Qを1944年の初頭から飛ばしており、米国から送られた他の機体同様、標準的なオリーヴドラブと、ニュートラルグレイで塗られている。スピナーと、垂直尾翼の頂部は青く塗られているが、これらの色はその機体が所属する連隊か、飛行隊を表している。「ボルト」番号である「黄色の93」は、P-39部隊の慣習に倣って機首に入れられている。ソ連の飛行章の翼が操縦席の両ドアに描かれているが、これはどうやら連隊標識のようにも思える。フィラートフは撃墜マークを機体左側、風防後部と排気管の間に描き込んでいる。一番劇的なのは、エース、クィーン、セブンを並べたポーカーの手を描いたフィラートフの個人標識であろう。このマーキングは、プーシキンの有名な小説「スペードの女王」と、フィラートフ自身の文学と詩への傾倒から描かれたのではないだろうか。エースはこの機体を使って20機を落としているのではないかと思われる。そして1945年4月19日に21機目を落とし、4月20日に、さらなる戦果を得ようと試み、戦死したのである。

## 32&33
P-39N-0　42-90330　「白の01」　1945年1月
ドイツ　第100親衛戦闘機連隊
イワーン・イリイッチ・ババック大尉

イワーン・ババックは個人で33機、協同で4機を撃墜、もし1945年4月25日に撃墜されて捕虜にさえならなかったら、2回目のソ連邦英雄の叙勲を受けたと思われる。本機がかれに割り当てられたのは1943年9月で、ババックのP-39は尾翼頂部を白く塗り、第9親衛戦闘機師団、第100親衛戦闘機連隊の所属機であることを示している。操縦席の下には、P-39がソ連市民ではなく、レンドリース機として米国の納税者から贈られた物であるということを無視して「マリウポリ学童献納機」と書き込まれている。こういう書き込みはヤクや、ラーヴォチキンにこそふさわしいものなのだが。ババックは戦闘機の右側には剣と、ラッパを振り回す天使を描いている。ババックが第16親衛戦闘機連隊に転属になったとき、この古参戦闘機はグリゴーリイ・ドールニコフに引き渡され、かれは本機のマーキングの一部を描き改めた（図版36&37を参照）。

## 34
P-39N（シリアル不明）　「白の50」　1945年2月
ドイツ　第16親衛戦闘機連隊
コンスタンティーン・ヴァシーリエヴィッチ・スーボヴ上級中尉

コンスタンティーン・スーボヴは、22機を撃墜、ほぼ30年後にはシリア空軍の主席軍事顧問となり、1973年のイスラエルに対する10月戦争で活躍した。本機は大戦の最後の週、ドイツのアウトバーンから離陸するところを撮影されている。塗装も赤いスピナーも、尾翼頂部の赤塗りも第16親衛戦闘機連隊の標準だが、赤星の周囲だけは白い円盤で囲まれた珍しい過渡期の仕様になっている。胴体がこんな風になっている時には、主翼に描かれた星にも同様の処理が為されていると見てよいだろう。

## 35
P-39N-0　42-9004　「白の100」　1945年春
ドイツ　第9親衛戦闘機師団
アレクサーンドル・イワーノヴィッチ・ポクルイーシキン大佐

三度のソ連邦英雄の栄誉を受けたアレクサーンドル・ポクルイーシキンの個人撃墜59機の戦果は、連合軍全体でも第2位の成績である。白い「ボルト」番号「100」は、他のいくつかの師団や、連隊でも指揮官機を示すものとして使われている。ポクルイーシキンは1941年からいつも自分の機体には「白の100」を書き込んでいる。数多くの撃墜マークが「ボルト」番号の横に書き込まれている一方、本機には第9親衛戦闘機師団、第16親衛戦闘機連隊の典型的な塗装が施されている。尾翼頂部の赤に白線が入っているのは、未だ確証はないのだが、師団か連隊の本部編隊を示すものと思われる。

## 36&37
P-39N-0　42-9033　「白の01」　1945年5月
ドイツ　第100親衛戦闘機連隊
グリゴーリイ・ウスティーノヴィッチ・ドールニコフ

1945年2月に、イワーン・ババックが第16親衛戦闘機連隊に転属になってしまったとき、本機は友人のエースであったグリゴーリイ・ドールニコフに引き渡された。当然、かれは献納の書き込みは残したがババックの個人標識は消し去った。1945年4月18日、エースのピョートル・ガチョックが戦死したとき、ドールニコフはP-39の右側にあった天使の位置に「ピョートル・ガチョックのために」と書き込んだ。その4日後、イワーン・ババックも墜落戦死、そこでドールニコフは機体の左側に「イワーン・ババックのために」と書き込んだ。

## 38
P-39N-1　42-9553　「白の84」　1945年春
ドイツ　第30親衛戦闘機連隊
ミハイール・ペトローヴィッチ・レンツ少佐

ミハイール・レンツは、1944年の初頭から、終戦までこのP-39Nに乗っていた。塗装はフィラートフ機に酷似しているが、「ボルト」番号はどういうわけか白ではなく黄色で入れられている。機体の左側、操縦室の後方にレンツは「亡き兄弟のために」という言葉を書きこんでいた。これは前線で戦死したかれの兄弟ふたりを弔うためで、3人目である彼は無事帰郷することができた。

◎著者紹介 | ジョン・スタナウェイ　John Stanaway

American Aviation Historical Society (AAHS)の名誉会員。太平洋戦争の航空戦史を長年にわたって研究し、『POSSUM, CLOVER&HADES: The 475 Fighter Group in World War II』『COBRA IN THE CLOUDS: Combat History of the 39th Fighter Squadron 1940-80』『KEARBY'S THUNDERBOLTS』など、著書、共著は多数。オスプレイ社からは本書のほかに、はP-51、P-38（日本語版『太平洋戦線のP-38ライトニングエース』大日本絵画刊）などに関する3タイトルをすでに刊行している。

◎著者紹介 | ジョージ・メリンガー　George Mellinger

ジョン・スタナウェイ氏と同じく、AAHSの会員で、ロシアの航空戦史に造詣が深い。本書は彼のオスプレイ社における最初の仕事である。現在、ヤコヴレフ、ラーヴォチキン戦闘機を駆って活躍したソビエト空軍エースについての著作を準備中。

◎訳者紹介 | 梅本 弘（うめもとひろし）

1958年茨城県生まれ。武蔵野美術大学卒業。著書にフィンランド冬戦争をテーマにした『雪中の奇跡』『流血の夏』『ビルマ航空戦（上・下）』（以上、大日本絵画刊）のほか、『ベルリン1945』（学研刊）、『エルベの魔弾』（徳間書店刊）、『ビルマの虎』（カドカワベルズ刊）などがある。訳書に『フィンランド空軍戦闘機隊』『フィンランド上空の戦闘機』（以上、大日本絵画刊）などがある。本シリーズでは、『第二次大戦のフィンランド空軍エース』『日本陸軍航空隊のエース 1937-1945』『太平洋戦線のP-38ライトニングエース』『太平洋戦線のP-40ウォーホークエース』『太平洋戦線のP-51マスタングとP-47サンダーボルトエース』の翻訳も担当している。

---

オスプレイ軍用機シリーズ 33

# 第二次大戦の
## P-39エアラコブラエース

| 発行日 | 2003年5月9日　初版第1刷 |
|---|---|
| 著者 | ジョン・スタナウェイ<br>ジョージ・メリンガー |
| 訳者 | 梅本 弘 |
| 発行者 | 小川光二 |
| 発行所 | 株式会社大日本絵画<br>〒101-0054 東京都千代田区神田錦町1丁目7番地<br>電話：03-3294-7861<br>http://www.kaiga.co.jp |
| 編集 | 株式会社アートボックス |
| 装幀・デザイン | 関口八重子 |
| 印刷/製本 | 大日本印刷株式会社 |

©2001 Osprey Publishing Limited
Printed in Japan
ISBN4-499-22809-3　C0076

P-39 Airacobra Aces
of World War 2
John Stanaway and George Mellinger
First published in Great Britain in 2001,
by Osprey Publishing Ltd, Elms Court,
Chapel Way, Botley, Oxford, OX2 9LP.
All rights reserved.
Japanese language translation
©2003 Dainippon Kaiga Co., Ltd.

ACKNOWLEDGEMENT

Thank you to the former P-39 pilots who provided useful material, namely Clarence E 'Bud' Anderson, Hugh Dow, Roger Ames, Paul Bechtel, Charles King, Stanley Andrews and Douglas Canning. Fellow aviation historians Rhodes Arnold, Steve Blake, Jack Cook, Carl Molesworth, Michael O'Leary, Jerry Scutts, Dwayne Tabatt and Bill Wolf also made significant contributions.